HITE 6.0 培养体系

HITE 6.0全称厚溥信息技术工程师培养体系第6版，是武汉厚溥企业集团推出的"厚溥信息技术工程师培养体系"，其宗旨是培养适合企业需求的IT工程师，该体系被国家工业和信息化部人才交流中心鉴定为国家级计算机人才评定体系，凡通过HITE课程学习成绩合格的学生将获得国家工业和信息化部颁发的"全国计算机专业人才证书"，该体系教材由清华大学出版社全面出版。

HITE 6.0是厚溥最新的职业教育课程体系，该职业体系旨在培养移动互联网开发工程师、智能应用开发工程师、企业信息化应用工程师、网络营销技术工程师等。它的独特之处在于每年都要根据技术的发展进行课程的更新。在确定HITE课程体系之前，厚溥技术中心专业研究员在IT领域和一些非IT公司中进行了广泛的行业调查，以了解他们在目前和将来的工作中会用到的数据库系统、前端开发工具和软件包等应用程序，每个产品系列均以培养符合企业需求的软件工程师为目标而设计。在设计之前，研究员对IT行业的岗位序列做了充分的调研，包括研究从业人员技术方向、项目经验和职业素质等方面的需求，通过对面向学生的自身特点、行业需求与现状以及实施等方面的详细分析，结合厚溥对软件人才培养模式的认知，按照软件专业总体定位要求，进行软件专业产品课程体系设计。该体系集应用软件知识和多领域的实践项目于一体，着重培养学生的熟练度、规范性、集成和项目能力，从而达到预定的培养目标。整个体系基于ECDIO工程教育课程体系开发技术，可以全面提升学生的价值和学习体验。

一、移动互联网开发工程师

在移动终端市场竞争下，为赢得更多用户的青睐，许多移动互联网企业将目光瞄准在应用程序创新上。如何开发出用户喜欢，并能带来巨大利润的应用软件，成为企业思考的问题，然而这一切都需要移动互联网开发工程师来实现。移动互联网开发工程师成为求职市场的宠儿，不仅薪资待遇高，福利好，更有着广阔的发展前景，倍受企业重视。

移动互联网企业对Android和Java开发工程师需求如下：

已选条件：	Java(职位名)	Android(职位名)
共计职位：	共51014条职位	共18469条职位

1. 职业规划发展路线

Android				
★	★★	★★★	★★★★	★★★★★
初级Android开发工程师	Android开发工程师	高级Android开发工程师	Android开发经理	移动开发技术总监
Java				
★	★★	★★★	★★★★	★★★★★
初级Java开发工程师	Java开发工程师	高级Java开发工程师	Java开发经理	技术总监

2. 素质能力提升路径

1 大学生	2 大学生活	3 学习习惯	4 职业目标	5 沟通表达	6 自我管理
12 准职业人	11 职业路线	10 求职技能	9 就业意识	8 融入团队	7 形象礼仪

3. 专业技能提升路径

1 大学生	2 计算机基础	3 编程基础	4 软件工程	5 数据库	6 网站技术
12 准职业人	11 产品规划	10 项目技能	9 高级应用	8 APP开发	7 基础应用

4. 项目介绍

(1) 酒店点餐助手

(2) 音乐播放器

二、智能应用开发工程师

随着物联网技术的高速发展，我们生活的整个社会智能化程度将越来越高。在不久的将来，物联网技术必将引起我国社会信息的重大变革，与社会相关的各类应用将显著提升整个社会的信息化和智能化水平，进一步增强服务社会的能力，从而不断提升我国的综合竞争力。智能应用开发工程师未来将成为热门岗位。

智能应用企业每天对.NET开发工程师需求约15957个需求岗位(数据来自51job)：

已选条件：	.NET(职位名)
共计职位：	共15957条职位

1. 职业规划发展路线

★	★★	★★★	★★★★	★★★★★
初级.NET 开发工程师	.NET 开发工程师	高级.NET 开发工程师	.NET 开发经理	技术总监
★	★★	★★★	★★★★	★★★★★
初级 开发工程师	智能应用 开发工程师	高级 开发工程师	开发经理	技术总监

2. 素质能力提升路径

1 大学生	2 大学生活	3 学习习惯	4 职业目标	5 沟通表达	6 自我管理
12 准职业人	11 职业路线	10 求职技能	9 就业意识	8 融入团队	7 形象礼仪

3. 专业技能提升路径

1 大学生	2 计算机基础	3 编程基础	4 软件工程	5 数据库	6 网站技术
12 准职业人	11 产品规划	10 项目技能	9 高级应用	8 智能开发	7 基础应用

4. 项目介绍

(1) 酒店管理系统

(2) 学生在线学习系统

三、企业信息化应用工程师

当前，世界各国信息化快速发展，信息技术的应用促进了全球资源的优化配置和发展模式创新，互联网对政治、经济、社会和文化的影响更加深刻，围绕信息获取、利用和控制的国际竞争日趋激烈。企业信息化是经济信息化的重要组成部分。

IT企业每天对企业信息化应用工程师需求约11248个需求岗位（数据来自51job）：

已选条件：	ERP实施(职位名)
共计职位：	共11248条职位

1. 职业规划发展路线

初级实施工程师	实施工程师	高级实施工程师	实施总监
信息化专员	信息化主管	信息化经理	信息化总监

2. 素质能力提升路径

1 大学生	2 大学生活	3 学习习惯	4 职业目标	5 沟通表达	6 自我管理
12 准职业人	11 职业路线	10 求职技能	9 就业意识	8 融入团队	7 形象礼仪

3. 专业技能提升路径

1 大学生	2 计算机基础	3 编程基础	4 软件工程	5 数据库	6 网站技术
12 准职业人	11 产品规划	10 项目技能	9 高级应用	8 实施技能	7 基础应用

4. 项目介绍

(1) 金蝶K3

(2) 用友U8

四、网络营销技术工程师

在信息网络时代，网络技术的发展和应用改变了信息的分配和接收方式，改变了人们生活、工作、学习、合作和交流的环境，企业也必须积极利用新技术变革企业经营理念、经营组织、经营方式和经营方法，搭上技术发展的快车，促进企业飞速发展。网络营销是适应网络技术发展与信息网络时代社会变革的新生事物，必将成为跨世纪的营销策略。

互联网企业每天对网络营销工程师需求约47956个需求岗位(数据来自51job)：

已选条件：	网络推广SEO(职位名)
共计职位：	共47956条职位

1. 职业规划发展路线

网络推广专员	网络推广主管	网络推广经理	网络推广总监
网络运营专员	网络运营主管	网络运营经理	网络运营总监

2. 素质能力提升路径

1 大学生	2 大学生活	3 学习习惯	4 职业目标	5 沟通表达	6 自我管理
12 准职业人	11 职业路线	10 求职技能	9 就业意识	8 融入团队	7 形象礼仪

3. 专业技能提升路径

1 大学生	2 计算机基础	3 编程基础	4 网站建设	5 数据库	6 网站技术
12 准职业人	11 产品规划	10 项目实战	9 电商运营	8 网络推广	7 网站SEO

4. 项目介绍

(1) 品牌手表营销网站

(2) 影院销售网站

HITE 6.0 软件开发与应用工程师

工信部国家级计算机人才评定体系

使用.NET 技术开发 Web 应用程序

武汉厚溥教育科技有限公司　编著

清华大学出版社
北京

内 容 简 介

本书按照高等院校、高职高专计算机课程基本要求，以案例驱动的形式来组织内容，突出计算机课程的实践性特点。本书共包括十一个单元：ASP.NET 3.5 简介，ASP.NET 页面对象，基本控件的使用，Response、Request 和 Server 对象，Application、Cookie 和 Session 对象，数据绑定技术，使用 ObjectDataSource 快速建立 N 层架构，LINQ，使用 Repeater 进行数据展示，使用 DataList 进行数据展示和编辑，GridView 的高级用法。

本书内容安排合理，结构清晰，通俗易懂，实例丰富，突出理论与实践的结合，可作为各类高等院校、高职高专及培训机构的教材，也可供广大 Windows 程序设计人员参考。

本书封面贴有清华大学出版社防伪标签，无标签者不得销售。
版权所有，侵权必究。举报：010-62782989，beiqinquan@tup.tsinghua.edu.cn。

图书在版编目(CIP)数据

使用.NET 技术开发 Web 应用程序 / 武汉厚溥教育科技有限公司 编著. —北京：清华大学出版社，2019 (2024.7重印)
(HITE 6.0 软件开发与应用工程师)
ISBN 978-7-302-52669-8

Ⅰ. ①使… Ⅱ. ①武… Ⅲ. ①网页制作工具－程序设计 Ⅳ. ①TP393.092.2

中国版本图书馆 CIP 数据核字(2019)第 053317 号

责任编辑：刘金喜
封面设计：贾银龙
版式设计：孔祥峰
责任校对：成凤进
责任印制：沈 露

出版发行：清华大学出版社
网　　址：https://www.tup.com.cn，https://www.wqxuetang.com
地　　址：北京清华大学学研大厦 A 座　　　　　　邮　编：100084
社 总 机：010-83470000　　　　　　　　　　　　邮　购：010-62786544
投稿与读者服务：010-62776969，c-service@tup.tsinghua.edu.cn
质 量 反 馈：010-62772015，zhiliang@tup.tsinghua.edu.cn

印 装 者：三河市铭诚印务有限公司
经　　销：全国新华书店
开　　本：185mm×260mm　　印　张：16.5　　插　页：2　　字　数：391 千字
版　　次：2019 年 4 月第 1 版　　印　次：2024 年 7 月第 4 次印刷
定　　价：69.00 元

产品编号：082670-01

主　编：

　　翁高飞　　胡迎九

副主编：

　　唐　梅　　王记志　　余兴明　　全丽莉

委　员：

　　蒋芙蓉　　曾　曌　　张　俏　　肖卓朋
　　李阿红　　张卫婷　　屈　毅　　赵小华

主　审：

　　易云龙　　赵海波

前 言

  ASP.NET 是.NET Framework 的一部分,是微软公司的一项技术,是一种使嵌入网页中的脚本可由因特网服务器执行的服务器端脚本技术。ASP 指 Active Server Pages(动态服务器页面),是运行于 IIS(Internet Information Server 服务,是 Windows 开发的 Web 服务器)之中的程序。

  本书是"工信部国家级计算机人才评定体系"中的一本专业教材。"工信部国家级计算机人才评定体系"是由武汉厚溥教育科技有限公司开发,以培养符合企业需求的软件工程师为目标的 IT 职业教育体系。在开发该体系之前,我们对 IT 行业的岗位序列做了充分的调研,包括研究从业人员技术方向、项目经验和职业素养等方面的需求,通过对所面向学生的特点、行业需求的现状以及项目实施等方面的详细分析,结合我公司对软件人才培养模式的认知,按照软件专业总体定位要求,进行软件专业产品课程体系设计。该体系集应用软件知识和多领域的实践项目于一体,着重培养学生的熟练度、规范性、集成和项目能力,从而达到预定的培养目标。

  本书共包括十一个单元:ASP.NET 3.5 简介,ASP.NET 页面对象,基本控件的使用,Response、Request 和 Server 对象,Application、Cookie 和 Session 对象,数据绑定技术,使用 ObjectDataSource 快速建立 N 层架构,LINQ,使用 Repeater 进行数据展示,使用 DataList 进行数据展示和编辑,GridView 的高级用法。

  我们对本书的编写体系做了精心的设计,按照"理论学习—知识总结—上机操作—课后习题"这一思路进行编排。"理论学习"部分描述通过案例要达到的学习目标与涉及的相关知识点,使学习目标更加明确;"知识总结"部分概括案例所涉及的知识点,使知识点完整系统地呈现;"上机操作"部分对案例进行了详尽分析,通过完整的步骤帮助读者快速掌握该案例的操作方法;"课后习题"部分帮助读者理解章节的知识点。本书在内容编写方面,力求细致全面;在文字叙述方面,注意言简意赅、重点突出;在案例选取方面,强调案例的针对性和实用性。

  本书凝聚了编者多年来的教学经验和成果,可作为各类高等院校、高职高专及培训机构的教材,也可供广大程序设计人员参考。

  本书由武汉厚溥教育科技有限公司编著,由翁高飞、胡迎九、唐梅、王记志、余兴明、全丽莉等多名企业实战项目经理编写。本书编者长期从事项目开发和教学实施,并且对当前高校的教学情况非常熟悉，在编写过程中充分考虑到不同学生的特点和需求，加强了项目实战方面的教学。本书编写过程中，得到了武汉厚溥教育科技有限公司各级领导的大力支持，在此对他们表示衷心的感谢。

  参与本书编写的人员还有：湖南有色金属职业技术学院蒋芙蓉、曾塱、张俏，张家界航空工业职业技术学院肖卓朋，咸阳职业技术学院李阿红、张卫婷、屈毅、赵小华等。限于编写时间和编者的水平，书中难免存在不足之处，希望广大读者批评指正。

  服务邮箱：wkservice@vip.163.com。

编 者
2018 年 10 月

目 录

| 单元一 ASP.NET 3.5 简介 ············ 1 |
| 1.1 ASP.NET 3.5 概述 ············ 2 |
| 1.1.1 ASP.NET 的优点 ············ 3 |
| 1.1.2 ASP.NET 的功能 ············ 4 |
| 1.1.3 ASP.NET 的工作原理 ······ 6 |
| 1.1.4 ASP.NET 编程模型 ········ 7 |
| 1.2 安装和配置 IIS ··················· 8 |
| 1.2.1 什么是 IIS ····················· 8 |
| 1.2.2 安装 IIS ························· 8 |
| 1.2.3 配置 IIS ······················· 10 |
| 1.3 创建第一个 ASP.NET Web 应用程序 ····················· 11 |
| 1.3.1 创建 ASP.NET Web 应用程序 ····················· 11 |
| 1.3.2 设计 Web 页面 ············ 15 |
| 1.3.3 编写 ASP.NET 3.5 应用程序 ····················· 16 |
| 1.3.4 编译和运行应用程序 ···· 17 |
| 【单元小结】 ···························· 17 |
| 【单元自测】 ···························· 18 |
| 【上机实战】 ···························· 18 |
| 【拓展作业】 ···························· 25 |

| 单元二 ASP.NET 页面对象 ·········· 27 |
| 2.1 网页脚本 ····························· 28 |
| 2.1.1 服务器端脚本 ················ 28 |
| 2.1.2 客户端脚本 ···················· 28 |

| 2.2 Page 对象 ···························· 29 |
| 2.2.1 ASP.NET 运行机制 ········ 29 |
| 2.2.2 Page 指令 ······················ 30 |
| 2.2.3 代码隐藏 ························ 31 |
| 2.2.4 Page 对象的事件 ············ 33 |
| 2.2.5 Page 对象的属性 ············ 33 |
| 2.3 ASP.NET 页面传值 ············ 35 |
| 2.3.1 页内数据传递 ················ 35 |
| 2.3.2 跨页数据传递 ················ 36 |
| 【单元小结】 ···························· 39 |
| 【单元自测】 ···························· 39 |
| 【上机实战】 ···························· 39 |
| 【拓展作业】 ···························· 45 |

| 单元三 基本控件的使用 ············ 47 |
| 3.1 Web 服务器控件 ················ 48 |
| 3.1.1 Web 服务器控件工作原理 ···· 48 |
| 3.1.2 Web 服务器控件的公共 属性介绍 ················ 48 |
| 3.1.3 Web 服务器控件的 布局模式 ················ 49 |
| 3.2 HTML 服务器控件 ············ 49 |
| 3.3 HTML 服务器控件与 Web 服务器控件的区别 ··········· 50 |
| 3.4 基本控件的使用 ················ 51 |
| 3.4.1 HiddenField 控件 ·········· 51 |
| 3.4.2 HyperLink 控件 ············ 53 |
| 3.4.3 CheckBoxList 控件 ······ 55 |

3.4.4　RadioButtonList 控件·············57
　　3.4.5　DropDownList 控件···············59
　　3.4.6　FileUpload 控件·····················62
3.5　验证控件···63
　　3.5.1　RequiredFieldValidator 控件··64
　　3.5.2　CompareValidator 控件··········65
　　3.5.3　RangeValidator 控件···············65
　　3.5.4　RegularExpressionValidator
　　　　　控件···66
　　3.5.5　CustomValidator 控件············70
　　3.5.6　ValidationSummary 控件·······72
　　3.5.7　验证控件分组························72
　　3.5.8　Page.IsValid 属性···················73
　　【单元小结】··73
　　【单元自测】··73
　　【上机实战】··74
　　【拓展作业】··82

单元四　Response、Request 和
　　　　Server 对象·····································83
4.1　Response 对象··84
4.2　Request 对象··88
4.3　Server 对象···93
　　4.3.1　Execute()方法和 Transfer()
　　　　　方法···93
　　4.3.2　HtmlEncode()方法···················96
　　4.3.3　UrlEncode()方法······················97
　　4.3.4　MapPath()方法························97
　　【单元小结】··98
　　【单元自测】··98
　　【上机实战】··99
　　【拓展作业】··102

单元五　Application、Cookie 和
　　　　Session 对象·································103
5.1　ASP.NET 中数值传递
　　模型介绍··104
5.2　Global.asax···105
5.3　Application 对象··································107

　　5.3.1　应用程序变量······················107
　　5.3.2　Lock()和 UnLock()方法······109
　　5.3.3　添加、更新和移除
　　　　　Application 数据项···············110
5.4　Cookie···110
　　5.4.1　创建并读取一个会话
　　　　　Cookie···111
　　5.4.2　创建并读取一个持久性
　　　　　Cookie···111
5.5　Session 对象··112
　　5.5.1　Session 变量····························112
　　5.5.2　Session 对象····························114
　　5.5.3　Session 对象的属性和方法··114
　　【单元小结】··115
　　【单元自测】··115
　　【上机实战】··116
　　【拓展作业】··123

单元六　数据绑定技术···························125
6.1　数据绑定概述······································126
6.2　数据源控件简介··································127
6.3　数据绑定控件简介······························128
6.4　GridView 控件·····································129
　　6.4.1　数据行类型····························129
　　6.4.2　数据绑定列类型····················130
　　6.4.3　数据的显示····························131
　　6.4.4　绑定列····································131
　　6.4.5　模板列····································135
　　6.4.6　数据的排序与分页···············138
6.5　DetailsView 控件·································139
6.6　SqlDataSource 的用法·······················143
　　【单元小结】··143
　　【单元自测】··143
　　【上机实战】··144
　　【拓展作业】··148

单元七　使用 ObjectDataSource
　　　　快速建立 N 层架构·····················149
7.1　ObjectDataSource 介绍·····················150

7.2 使用 ObjectDataSource 实现显示和删除 ·········· 150	单元九 使用 Repeater 进行数据展示 ············ 201
7.3 使用 FormView 实现添加和修改 ·········· 156	9.1 Repeater 简介 ·········· 202
7.4 使用 ObjectDataSource 实现真分页 ·········· 161	9.2 绑定到数组 ·········· 202
	9.3 销售排行榜 ·········· 205
	9.4 嵌套绑定 ·········· 207
【单元小结】·········· 164	【单元小结】·········· 210
【单元自测】·········· 165	【单元自测】·········· 210
【上机实战】·········· 165	【上机实战】·········· 211
【拓展作业】·········· 173	【拓展作业】·········· 212
单元八 LINQ ·········· 175	单元十 使用 DataList 进行数据展示和编辑 ·········· 213
8.1 什么是 LINQ ·········· 176	10.1 DataList 简介 ·········· 214
8.1.1 查询与 LINQ ·········· 176	10.2 使用 DataList 展示信息 ·········· 215
8.1.2 LINQ 基本组成组件 ·········· 177	10.3 使用 DataList 编辑信息 ·········· 218
8.1.3 LINQ 与 ADO.NET ·········· 177	10.4 DataList 嵌套绑定 ·········· 222
8.2 第一个使用 LINQ 的 Web 应用程序 ·········· 178	【单元小结】·········· 226
8.2.1 创建使用 LINQ 的 Web 应用程序 ·········· 178	【单元自测】·········· 226
8.2.2 使用 LINQ 查询数据 ·········· 178	【上机实战】·········· 226
8.2.3 与 LINQ 相关的命名空间 ·········· 180	【拓展作业】·········· 231
8.3 LINQ 查询子句概述 ·········· 180	单元十一 GridView 的高级用法 ·········· 233
8.4 基本子句 ·········· 181	11.1 GridView 的事件方法介绍 ·········· 234
8.4.1 from 子句 ·········· 181	11.2 合并单元格 ·········· 234
8.4.2 where 子句 ·········· 184	11.3 导出至 Excel ·········· 237
8.4.3 select 子句 ·········· 186	11.4 GridView 事件编程 ·········· 239
8.4.4 group 子句 ·········· 187	11.4.1 编辑购物车 ·········· 239
8.4.5 orderby 子句 ·········· 188	11.4.2 客户端全选 ·········· 242
8.4.6 into 子句 ·········· 189	11.4.3 遍历 GridView ·········· 242
8.4.7 join 子句 ·········· 191	11.4.4 光棒效果 ·········· 243
8.4.8 let 子句 ·········· 195	11.4.5 复杂的绑定表达式 ·········· 244
8.5 LINQ 的应用 ·········· 196	11.4.6 删除前的提示 ·········· 244
【单元小结】·········· 198	【单元小结】·········· 245
【单元自测】·········· 198	【单元自测】·········· 245
【上机实战】·········· 198	【上机实战】·········· 246
【拓展作业】·········· 200	【拓展作业】·········· 253

单元一

ASP.NET 3.5 简介

课程目标

- ▶ 了解 ASP.NET 基础知识
- ▶ 学会安装和配置 IIS
- ▶ 创建第一个 ASP.NET Web 应用程序
- ▶ 体会 ASP.NET 的快速开发

 简介

ASP.NET 是一种建立动态 Web 应用程序的技术，它是.NET Framework 的一部分，可以使用任何.NET 兼容的语言编写 ASP.NET 应用程序。在 ASP.NET 页面中，可以使用 ASP.NET 服务器端控件来快速地建立用户 UI，并对其进行编程；可以使用内建可重用组件和自定义组件快速建立 Web 页面，从而大量减少代码。相对于原有的 Web 技术，如 JSP、PHP 等，ASP.NET 提供的编程模型和结构有助于快速、高效地建立灵活、安全和稳定的应用程序。

本单元首先向大家介绍 ASP.NET 技术的发展历史，然后说明 ASP.NET 网站的建立和 ASP.NET 的编程模型，最后讲解 Internet 信息服务(IIS)的配置，并通过一个简单的示例来体会 ASP.NET 快速开发的特性。

1.1 ASP.NET 3.5 概述

ASP.NET 是一种已编译的、基于.NET 的环境，在 ASP.NET 中，可以用任何与.NET 兼容的语言构造 Web 应用程序，而且所有的 ASP.NET 应用程序都可以使用整个.NET Framework。从 2000 年的.NET 技术崭露头角，到 2008 年初推出.NET 3.5，微软公司为推广.NET 技术可以说是不遗余力。下面简单介绍.NET 技术的发展历程。

- 2000 年 6 月，微软公司总裁比尔·盖茨先生在一次名为"论坛 2000"的会议上发表演讲，描绘了.NET 的前景。
- 2002 年 1 月，微软公司发布.NET Framework 1.0 正式版。与此同时，Visual Studio 2002 也同步发行。
- 2003 年 4 月 23 日，微软公司推出.NET Framework 1.1 和 Visual Studio 2003。这些重量级的产品都是针对.NET 1.0 的升级版本。
- 2005 年 11 月，微软公司发布 Visual Studio 2005 和 SQL Server 2005 正式版。
- 2008 年 2 月，微软公司发布 Visual Studio 2008(以下简称 VS 2008)和.NET Framework 3.5 正式版。
- 2010 年 4 月，微软公司发布 Visual Studio 2010 和.NET Framework 4.0。
- 2012 年 2 月，微软公司发布 Visual Studio 2012 和.NET Framework 4.5。

在.NET 1.0 发布后,学习和使用.NET 技术的热潮开始不断涌现。目前,微软发布的.NET 最新版本是 4.5。本书使用的版本是 3.5。ASP.NET 3.5 内置提供 ASP.NET Ajax，还添加了支持 Web Part 的 Update Panel，支持 JSON 的 WCF，以及多个缺陷修补和性能改进等方面的新特性。VS 2008 还集成了对 JavaScript 和 Ajax 的支持。为了使大家对 ASP.NET 3.5 建立初步的概念，我们首先介绍 ASP.NET 技术。

在.NET 技术之前，微软使用了一种叫作 ASP 的技术。ASP(Active Server Pages)称为活动服务器页面，它可以根据不同的用户，在不同的时间向用户显示不同的内容。然而，由

于 ASP 程序和网页的 HTML 混合在一起，这就使得程序看上去相当杂乱。在开发过程中常常产生一些问题，同时 ASP 页面是由脚本语言解释执行的，使得其速度受到影响。由于以上种种限制，微软推出了 ASP.NET。

ASP.NET 不仅是 ASP 3.0 的一个简单升级，它更为我们提供了一个全新而强大的服务器控件结构。ASP.NET 几乎全基于组件和模块化，每一个页、对象和 HTML 元素都是一个运行的组件对象。在开发语言上，ASP.NET 使用.NET Framework 所支持的 VB.NET、C#.NET 等语言作为其开发语言，这些语言生成的网页在后台被转换成了类并编译成一个 DLL。由于 ASP.NET 是编译执行的，所以它比 ASP 拥有了更高的效率。

ASP.NET 是一个统一的 Web 开发模型，它包括使用尽可能少的代码生成企业级 Web 应用程序所必需的各种服务。ASP.NET 作为.NET Framework 的一部分提供，随着 Web 应用技术的进步和发展，Microsoft 推出的 ASP.NET 3.5 使得用户用 ASP.NET 来构建 Web 应用越来越容易。

1.1.1 ASP.NET 的优点

ASP.NET 是一个革命性的程序设计框架，能够快速地开发功能强大的 Web 应用程序和服务，它的优势主要体现在以下几个方面。

1. 与浏览器无关

ASP.NET 是一个与浏览器无关的程序设计框架，利用它编写的应用程序可以与最新版本的 Internet Explorer、Netscape Navigator 等常用浏览器兼容。

2. 将业务逻辑代码与显示逻辑分开

在 ASP.NET 中引入了"代码隐藏"这一新概念，通过在单独的文件中编写表示应用程序的业务逻辑代码，使其与 HTML 编写的显示逻辑分开，从而更好地理解和维护应用程序，并使得程序员可以独立于设计人员工作。

3. 新的集成开发环境

Visual Studio 提供了一个强大的、界面友好的集成开发环境，以使开发人员能够轻松地开发 Web 应用程序。开发工具支持一整套丰富的设计工具，包含一套不同凡响的调试工具和智能感知，从而能及时找到错误并在你输入代码的时候提供适当的建议。Visual Studio 同样支持健壮的代码隐藏(Code-Behind)模型，这个编程模型将.NET 代码与网页的标签分离开来。Visual Studio 增加了一个内置的 Web 服务器，从而使得调试网站变得更加容易。

4. 简单性和易学性

ASP.NET 使得运行一些很平常的任务(如表单的提交、客户端的身份验证、分布式系统和网站配置等)变得更简单。ASP.NET 包含称为 ASP.NET 控件的 HTML 服务器控件集合，这些控件可通过脚本以程序方式使用。另外，它还包含了一组称为"Web 服务器控件"的新的面向对象控件。每个"Web 服务器控件"都有自己的属性、方法和事件，用于控制控件在应用程序中的外观和行为。

5. 用户账户和角色

ASP.NET 允许创建"用户账户"和"角色",以便每个用户都能访问不同的代码和资源,从而提高应用程序的安全性。

6. 多处理器环境的可靠性

ASP.NET 是一种可以用于多处理器的开发工具,它在多处理器的环境下用特殊的无缝连接技术,大大提高了运行速度。即使现在的 ASP.NET 应用软件是为一个处理器开发的,将来多处理器运行时不需要任何改变就能够提高它们的效能。

7. 高效的可管理性

ASP.NET 使用分级的配置系统,使服务器环境和应用程序的设置更加简单。因为配置信息都保存在基于 XML 的文本文件中,新的设置不需要启动本地 IIS 和管理工具就可以实现。这种被称为"Zero Local Administration"的哲学观念使 ASP.NET 的基于应用的开发更加具体和快捷。一个 ASP.NET 的应用程序在一台服务器系统的安装只需要简单地拷贝必需的文件,而不需要重新启动系统。

8. 执行效率的大幅提高

不像以前的 ASP 即时解释程序,ASP.NET 将程序在服务器端首次运行时进行编译执行,使得应用程序的执行效率有了很大的提高。

9. 易于配置和部署

利用纯文本文件配置 ASP.NET 应用程序,可在程序运行时上传或修改配置文件,而无须重新启动服务器。部署或替换已编译的代码时也无须重新启动服务器,ASP.NET 会自动将所有新的请求指向新代码。

1.1.2　ASP.NET 的功能

1. 多语言支持

ASP.NET 支持使用多种编程语言开发 Web 应用程序,因为.NET Framework 本质上就支持多语言。可以使用二十多种语言来开发 ASP.NET 应用程序,除了 Microsoft 公司支持的 Visual Basic .NET、Visual C#和 JScript,还可以使用第三方语言,如 Cobol、Pascal、Perl 和 Smalltalk 等,这些语言的.NET 的编译器可从第三方供应商处获得。

多语言支持的作用并不仅限于可使用什么语言,同时还不限于如何使用这些语言。程序员可以使用某种语言编写组件,而使用另一种语言来使用这些组件。例如,利用 Visual C# 编写基于服务器的控件,并将这些控件在 Visual Basic .NET 或 JScript 程序中进行调用。

2. 代码编译执行

ASP.NET 最重要的功能之一是编译执行代码。代码编译是指编程指令被转换为机器语言。但在 ASP.NET 中，代码并未直接编译为机器语言，它先被编译为一种中间语言，称为 Microsoft 中间语言(MSIL 或 IL，Microsoft Intermediate Language)，然后由 JIT 编译器(Just-In-Time Compiler，即时编译器)进一步编译为机器语言。JIT 编译器在每次调用一部分代码时就编译一部分代码，而不是一次编译整个应用程序，这使得应用程序的启动时间更短。已编译的代码一直存储到应用程序退出为止，因此可以直接调用已编译的代码而不需要再一次的编译执行。代码的编译执行极大地提高了 Web 应用程序的性能。

3. 缓存机制

大量的网站页面都是采用动态的方式，根据用户提交的不同请求创建生成页面。动态页面有助于根据用户要求来提供定制的动态内容，也利于获取在数据库中每时每刻更新的资料。缺点是为每个用户请求生成同一页面增加了系统开销。

ASP.NET 提供的缓存技术有助于最大程度地解决这个问题。缓存是把应用程序中需要频繁、快速访问的数据保存在内存中的编程技术。ASP.NET 能把缓存输出的页面，保存在存储器当中，缓存用户请求的内容。缓存的特点可以根据不同方式来定制。

ASP.NET 提供 3 种主要形式的缓存：输出缓存、数据缓存和缓存 API。输出缓存和数据缓存的优点是易于实现。在大多数情况下，使用这两种缓存就足够了。而缓存 API 提供了额外的灵活性(实际上是相当大的灵活性)，可用于在应用程序的每一层利用缓存。

4. 服务器控件

ASP.NET 服务器控件是在服务器上运行并封装用户界面及其他相关功能的组件，这些控件提供了各种属性、方法和事件，可简化构建强大的 Web 应用程序的过程。

5. Web 服务

Web 服务可以描述为一个功能，该功能可以通过 Web 部署，被任何应用程序或其他服务调用。从技术上说它是通过 Web 协议访问的可编程的应用程序逻辑。ASP.NET 使得构建 Web 服务更容易，尽管 Web 服务利用 XML 和 HTTP 作为信息通道的一部分，但是 ASP.NET 却使其简单化，使得构建基于 SOAP 的应用程序简单到只需编写应用程序逻辑。

ASP.NET 允许用户使用和创建 Web 服务，以开发基于 Web 的分布式应用程序。

6. 状态管理

WebForm 是基于 HTTP 的，它没有状态，这意味着它们不知道所有的请求是否来自同一台客户端计算机，网页是否受到了破坏，以及是否得到了刷新，这样就可能造成信息的丢失。于是，状态管理就成了开发互联网应用程序中的一个实实在在的问题。状态管理是为多个对相同或不同页面的请求维护状态的，使用 ASP.NET 能够通过 Cookie、查询字符串、Application、Session 等轻易解决这些问题。

7. 安全管理

ASP.NET 与 IIS、.NET 框架和操作系统所提供的基础安全服务配合使用，共同提供一系列身份验证和授权机制。ASP.NET 支持不同类型的登录和用户验证：Windows、Passport 和 Forms。用户可通过程序来检查用户角色，并允许在获得权限时根据条件来执行任务。使用 ASP.NET，还可使用户创建基于窗体的登录和验证变得更加轻松。

8. 配置和部署

利用基于 XML 的配置文件，可以很容易地定制 ASP.NET。通过在文本编辑器中编辑这些文件来配置 ASP.NET 中的任何组件，开发人员可以在设计时或是运行时定义配置设置，也可以在任何时候添加或改变它们，而配置信息的改变却对 Web 服务器没有任何负面影响，它迎合了应用程序的易于部署功能。

1.1.3 ASP.NET 的工作原理

一个 B/S 的应用程序工作原理是客户端浏览器向服务器发送一个 HTTP 请求，服务器对发出的请求做出相应的操作。而 ASP.NET 也是一种 B/S 开发技术，其工作原理同样也是客户端浏览器向服务器发送一个 HTTP 请求，Web 服务器判断所请求的网页是否为 ASP.NET 的网页文件(扩展名为 aspx)。如果是，解析器解释此源代码。如果此代码尚未被编译到 DLL(Dynamic Link Library，动态链接库)中，ASP.NET 将调用编译器对其进行编译，然后运行时加载和执行 MSIL 代码。

如果用户第二次请求此网页，客户端浏览器将再次向服务器发送出 HTTP 请求。这一次运行时将加载并立即执行 MSIL 代码以返回输出结果，因为在用户第一次访问时已编译过了此代码。

ASP.NET 页的执行过程如图 1-1 所示。

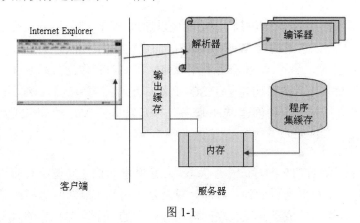

图 1-1

图 1-1 中服务器的各个组件及其功能如表 1-1 所述。

表 1-1 服务器的各个组件及其功能

组 件	说 明
内存	每次需花时间重建的项目可一次构建并存储在内存中。此过程可从内存中检索项目，从而节省重建成本。以后当项目无效时可删除它们
解析器	在将.aspx 页传递至编译器之前，先验证和解释其页面代码
编译器	在运行时将页面内容编译为中间语言(IL)
程序集缓存	机器级代码缓存位于已安装 Microsoft .NET Framework 的每台机器上，其功能之一是存储已预编译的页面的本机代码
输出缓存	页面创建之后，可存放于此。它可存储整个页面，包括数据和对象。如果以后要请求此页面，可从输出缓存中检索

1.1.4 ASP.NET 编程模型

1. HTTP 协议

我们在浏览器的地址栏里输入的网站地址叫作 URL。就像每家每户都有一个门牌地址一样，每个网页也都有一个 Internet 地址。当你在浏览器的地址框中输入一个 URL 或是单击一个超级链接时，URL 就确定了要浏览的地址。浏览器通过超文本传输协议(HTTP)，将 Web 服务器上站点的网页代码提取出来，并显示成网页。因此，在我们认识 HTTP 之前，有必要先弄清楚 URL 的组成，例如，http://www.microsoft.com/china/ index.html，它的含义如下。

- http://：代表超文本传输协议。
- www：代表一个 Web(万维网)服务器。
- microsoft.com/：这是存有网页的服务器的域名，或站点服务器的名称。
- china/：为该服务器上的子目录，就好像文件夹。
- index.htm：是文件夹中的一个网页文件。

HTTP 协议是基于请求/响应模式的。一个浏览器与服务器建立连接后，发送一个请求给服务器，服务器接到请求后，给予相应的响应信息。浏览器/服务器模式(也就是 B/S 结构)的信息交换分为四个过程：建立连接、浏览器发送请求信息、服务器发送响应信息、关闭连接。

2. 基于事件的编程模型

ASP.NET 使用基于事件的编程模型，与 WinForm 编程十分相似，只需要向 Web 窗体添加控件，然后响应控件的事件即可。其基本过程如下。

当页面第一次被请求时，ASP.NET 会在服务器端创建被请求的页面对象(Page 对象)和该页面的控件，并执行初始化页面和控件的代码，然后整个页面会转换为 HTML 格式代码(Page 对象会转换为 HTML 网页，Page 对象中的控件会转换为 HTML 网页中的表单元素，控件的事件会转换为表单元素的客户端事件，服务器端控件和表单元素存在对应关系，控件的服务器端事件和表单元素的客户端事件存在对应关系,这个转换过程由 ASP.NET 自动进行)发回浏览器并销毁 Page 对象,这时用户就在浏览器上看到了所请求的网页。该步骤相当于第一次打开一个 WinForm 窗体,差别在于 WebForm 会销毁 Page 对象而 WinForm 不会销毁窗体对象。

用户在页面上执行一些操作,如单击"提交"按钮,这时表单会提交到服务器(这个过程称为页面回发)。该步骤相当于单击了 WinForm 窗体中的某个按钮。

ASP.NET 获取提交到服务器的表单数据并重新创建页面对象,ASP.NET 会检查是哪个控件的哪个事件导致页面被回发,并调用该控件在服务器端对应的事件处理程序。该步骤相当于在 WinForm 窗体中执行了控件的事件处理程序。

所有事件在服务器端处理完毕后整个页面会再次转换为 HTML 格式代码并再次发回浏览器然后销毁 page 对象。该步骤相当于在 WinForm 中刷新界面。

1.2 安装和配置 IIS

1.2.1 什么是 IIS

作为动态网页技术,ASP.NET 需要使用 Web 服务器作为其发布平台,一般使用 IIS 作为其 Web 服务器。IIS 是 Internet 信息服务(Internet Information Server)的缩写,是一种 Web 服务,主要包括 WWW 服务器、FTP 服务器等。通过 IIS,可以很容易地在 Intranet(局域网)和 Internet(因特网)上发布信息。

IIS 是微软公司主推的 Web 服务器之一。Windows 2000 Advanced Server 和 Windows XP 操作系统中已经包含了 IIS 5.0;Windows Server 2003 操作系统中已经包含了 IIS 6.0;而 Windows Vista 中包含了 IIS 的最新版本 7.0;因而用户能够利用 Windows NT Server 和 NTFS(NT File System,NT 的文件系统)内置的安全特性,建立强大、灵活而安全的 Internet 和 Intranet 站点。下面介绍在 Windows 2003 操作系统中如何安装、配置 IIS。

1.2.2 安装 IIS

(1) 选择操作系统的"开始"→"设置"→"控制面板"菜单,打开"控制面板"窗口,并选择"添加/删除程序"选项,如图 1-2 所示。

(2) 双击"添加/删除程序"选项,弹出"添加/删除程序"对话框,并选择对话框左边的"添加/删除 Windows 组件"选项,弹出"Windows 组件向导"对话框,并在该对话框中选中"应用程序服务器",单击"详细信息"按钮,如图 1-3 所示。

图 1-2

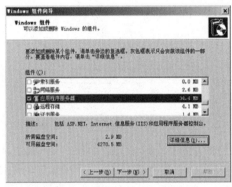
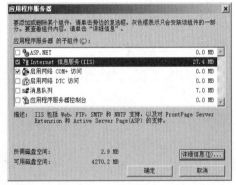

图 1-3

(3) 单击"详细信息"按钮可查看 IIS 所包括的组件，如图 1-4 所示。单击"下一步"按钮，然后插入系统安装盘，就可以开始安装 Internet 信息服务了。

(4) 安装完成后，出现"Windows 组件向导"安装完成对话框，单击"完成"按钮就完成了 IIS 的安装过程。

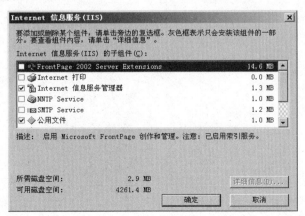

图 1-4

1.2.3 配置 IIS

下面介绍在 Windows 2003 操作系统上配置 IIS 的具体步骤。

(1) 打开"Internet 信息服务"窗口，展开"网站"→"默认网站"，如图 1-5 所示。

图 1-5

(2) 右击"默认网站"，单击"属性"子菜单，弹出"默认网站 属性"对话框，此时已经显示了"网站"选项卡的位置，如图 1-6 所示。在"网站"选项卡中可以配置 IIS 的 IP 地址、TCP 端口等属性，系统的默认值分别为"全部未分配"和"80"。

(3) 选择"主目录"选项卡，如图 1-7 所示。该选项卡可以设置 IIS 本地路径的各种属性，如访问路径、访问权限等，还可以配置 IIS 的应用程序设置的属性，如应用程序名称等。

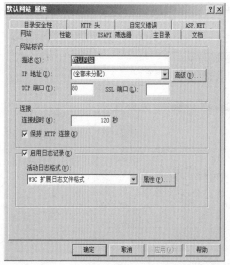

图 1-6

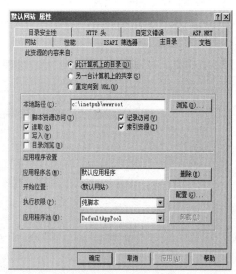

图 1-7

1.3 创建第一个 ASP.NET Web 应用程序

1.3.1 创建 ASP.NET Web 应用程序

在"起始页"中单击"创建/网站"按钮,弹出"新建网站"对话框,首先选择"ASP.NET 网站",然后在相应目录下创建网站的位置 Example1_1,如图 1-8 所示。单击"确定"按钮,就可以在 Visual Studio 2008 中新建网站 Example1_1。

图 1-8

在选择创建 Web 站点模板之后,还必须设置开发应用程序所使用的编程语言。另外,Visual Studio 2008 提供了 4 种创建网站的方式,它们是文件系统、HTTP(本地 IIS)、FTP 站点和远程站点。

1. 文件系统

图 1-8 中显示的是使用文件系统方式创建 Web 站点的设置界面。利用这种方式创建的站点称为"文件系统站点"。文件系统站点允许将站点文件存储在本地硬盘的一个指定的文件夹中,或者存储在局域网上的一个共享位置。这意味着无须将站点作为 IIS 应用程序来创建,就可以对其进行开发测试等工作。文件系统站点在以下情况比较适用。

- 不希望或者无法在自己的计算机中安装 IIS。
- 文件夹中已经有一组 Web 文件,而用户希望将该文件夹中的文件作为项目文件打开。
- 在教学过程中,学生可将 Web 站点文件存储在中心服务器上特定的文件夹中。
- 在工作组中,工作组成员可访问中心服务器上的公共站点。

利用文件系统方式创建的站点具有以下优点。

- 只能从本地计算机访问站点,减少了安全漏洞。
- 无须在计算机上安装 IIS。
- 无须具有管理员权限即可创建或调试本地文件系统网站。

文件系统站点的缺点：无法使用某些 IIS 功能特性，如基于 HTTP 身份验证、应用程序池、ISAPI 过滤器等。

2. 本地 IIS

采用 HTTP(本地 IIS)创建 Web 站点，如图 1-9 所示，该方式适用于以下情况。
- 开发要求使用 IIS 测试 Web 站点，它逼真地模拟站点在发布服务器中运行的情况。
- 在本机文件夹中已有一组 Web 文件，并且想用 IIS 测试运行。
- 开发用本地计算机，也是 Web 服务器，方便其他合作人员进行应用访问；能够测试 IIS 所提供的，诸如基于 HTTP 身份验证、应用程序池、ISAPI 过滤器等特征。

图 1-9

使用本地 IIS 开发有以下不足之处。
- 开发人员必须具有管理员权限。
- 一次仅允许一个用户参与程序调度过程。
- 由于 IIS 的配置问题，例如，默认情况下，本地 IIS 站点启用了远程访问，将存在不安全的远程访问可能性。

3. FTP 站点

采用 FTP 部署的 Web 站点方式适用于 Web 站点已位于配置为 FTP 服务器的远程计算机上。典型应用如 ISP(Internet 服务提供商)已在服务器提供了一定的空间，这时，可以从 Visual Studio 2008 内部连接到对其具有读/写权限的 FTP 服务器。然后，在该服务器上创建和编辑站点文件。如果 FTP 服务器配置有 ASP.NET 运行环境，以及一个指向 FTP 目录的 IIS 虚拟目录，还可以从该服务器运行网页对其进行测试。

如图 1-10 所示，需要配置的内容包括 FTP 服务器 URL 地址、端口、目录、是否启用被动模式、是否使用匿名登录方式、登录的用户名和密码等。使用 FTP 部署的 Web 站点为开发和测试提供了方便。FTP 站点的不足之处如下。

- 除非开发人员自己在本地备份文件，否则，所有应用文件均存储在远程 FTP 服务器上。
- 不能创建 FTP 部署的网站，只能打开一个这样的网站。

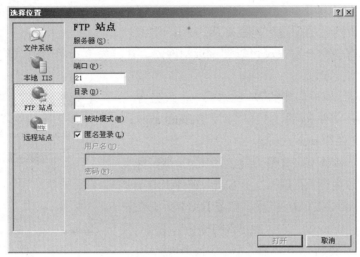

图 1-10

4. 远程站点

创建"远程站点"后，将显示如图 1-11 所示的用户界面。

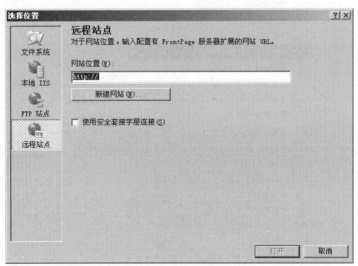

图 1-11

这种方式允许在运行有 IIS 的远程服务器上创建 Web 站点(开发人员必须具有权限)，并且该远程服务器上正确地配置了 FPSE(Microsoft FrontPage 2002 服务器扩展)。在创建远程网站时，Web 站点的文件存储在远程计算机上的默认 IIS 文件夹中，该文件夹位于 "C:\Inetput\wwwroot"。在测试运行 Web 站点时，可以通过使用远程计算机的 IIS 来提供服务。

远程站点有以下优点。
- 可以在远程服务器上测试运行该网站。
- 多个开发人员可以同时使用同一远程网站。

远程站点的缺点如下。
- 调试远程网站的配置可能很复杂。
- 一次只有一个开发人员可以调试远程网站,在开发人员单步调试代码时,所有其他请求将挂起。

ASP.NET 网站模板创建的 Web 站点中,仅包含一个空的 App_Data 文件夹(图 1-12),以及 Default.aspx、Default.aspx.cs 文件和 web.config。

除此之外,在 Web 站点中还可能包括其他一些特殊文件夹。在"解决方案资源管理器"上右击,在弹出的菜单项中选择"添加 ASP.NET 文件夹",如图 1-13 所示。在表 1-2 中简要说明了 Web 站点中可能包含的特殊文件夹,关于这些文件夹的应用我们会在以后的章节中逐渐接触到。

图 1-12

图 1-13

表 1-2 应用程序文件夹说明列表

文件夹名称	说明
App_Browsers	该文件夹包含用于标识个别浏览器,并确定其功能的浏览器定义(.browser 文件

(续表)

文件夹名称	说　明
App_Code	该文件夹可以包含以传统类文件(即带有.vb、.cs 等扩展名的文件)的形式编写的源代码文件。但是，它也可以包含并非明确显示出由某一特定编程语言编写的文件，如.wsdl(Web 服务描述语言)文件和 XML 架构(.xsd)文件。ASP.NET 可以将这些文件编译成程序集。可以在 App_Code 文件夹中存储源代码，在运行时将会自动对这些代码进行编译。Web 应用程序中的其他任何代码都可以访问产生的程序集。因此，App_Code 文件夹的工作方式与 Bin 文件夹很类似，不同之处是您可以在其中存储源代码而非已编译的代码。App_Code 文件夹及其在 ASP.NET Web 应用程序中的特殊地位使您可以创建自定义类和其他源代码文件，并在 Web 应用程序中使用它们而不必单独对它们进行编译
App_Data	该文件夹包含应用程序数据文件，如 MDF、XML 文件和其他数据存储文件。另外，ASP.NET 3.5 使用 App_Data 文件夹来存储应用程序的本地数据库文件 ASPNETDB.MDF，该数据库可用于维护成员资格、角色、用户配置等信息
App_GlobalResources	该文件夹包含编译到具有全局范围的程序集中的资源(.resx 和.resources 文件)。App_GlobalResources 文件夹中的资源是强类型的，可以通过编程方式进行访问
App_LocalResources	该文件夹包含与应用程序中的特定页、用户控件或母版页关联的资源.resx 和.resources 文件
App_Themes	该文件夹包含用于定义 ASP.NET 网页和控件外观的文件集合(.skin 和.css 文件，以及图像文件和一般资源)
App_WebReferences	该文件夹包含用于定义在应用程序中使用的 Web 引用和引用协定文件(.wsdl 文件)、架构(.xsd 文件)和发现文档文件(.disco 和.discomap 文件)
Bin	存储编译的程序集，并且 Web 应用程序任意处的其他代码(如页代码)会自动引用该文件夹。只要.dll 文件保存在 Bin 文件夹中，ASP.NET 就可以识别它。如果您更改了.dll 文件，并将它的新版本写入到了 Bin 文件夹中，则 ASP.NET 会检测到更新，并对随后的新页请求使用新版本的.dll 文件

注意

表 1-2 中所述的文件夹都具有特殊功能，因此，不允许在应用程序中随意创建同名文件夹，不允许在这些文件夹中添加无关文件。

1.3.2　设计 Web 页面

一个 Web 页面包含两个部分，即设计和源。用户可以直接在 Web 页面的设计部分设计 Web 页面的布局，添加服务器端控件和客户端控件等，也可以直接从"工具箱"选项卡中选择各种控件添加到页面 Default.aspx，如图 1-14 所示。

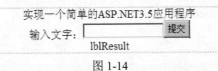

图 1-14

在设计 Web 页面的同时，Web 源部分添加和设计相对应的 HTML 代码，Web 页面 Default.aspx 的源部分也添加了一个 TextBox 控件、一个 Button 控件和一个 Label 控件的 HTML 源代码，如图 1-15 所示。

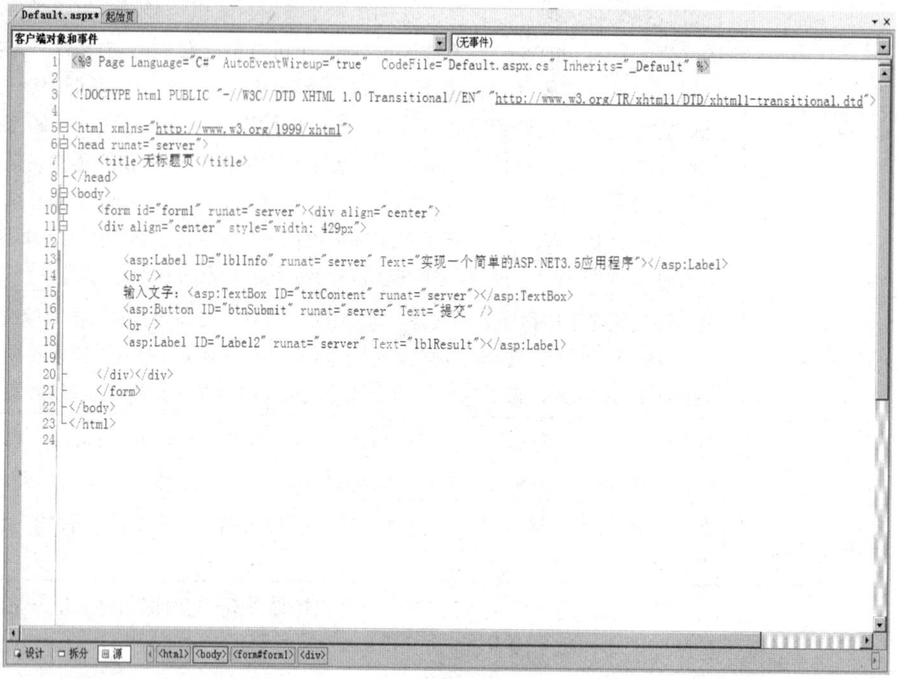

图 1-15

ASP.NET 开发人员不但可以通过 Web 页面的设计部分设计 Web 页面，而且还可以通过直接修改 Web 页面的源部分 HTML 代码来设计 Web 页面。

1.3.3 编写 ASP.NET 3.5 应用程序

此处我们编写如下的 ASP.NET 3.5 应用程序：

```
//------------------Default.aspx.cs 源代码--------------------
using System;
using System.Configuration;
using System.Data;
using System.Linq;
using System.Web;
using System.Web.Security;
using System.Web.UI;
using System.Web.UI.HtmlControls;
using System.Web.UI.WebControls;
using System.Web.UI.WebControls.WebParts;
using System.Xml.Linq;

public partial class _Default : System.Web.UI.Page
```

```
    {
        protected void Page_Load(object sender, EventArgs e)
        {
        }
        protected void btnSubmit_Click(object sender, EventArgs e)
        {
            this.lblResult.Text = "您输入的是： " + this.txtContent.Text;
        }
    }
```

以上代码包括两个事件处理程序，一个是处理页面加载的 Page_Load，另一个是处理单击按钮事件的 btnSubmit_Click。前者未做任何处理，后者的实现只是将 TextBox 控件的 Text 属性值(文本框中的输入内容)赋予了 Label 控件的 Text 属性。另外，还利用 partial 关键字将 _Default 设置为局部类。局部类允许将类、接口的定义和实现代码分成小块，并且分开放置在多个源文件中。很显然，这种方案能够使得代码容易开发和维护。

1.3.4 编译和运行应用程序

应用程序编写完成后，将编译和运行应用程序。编译运行的方法很简单，只需单击 Visual Studio 2008 的"调试"菜单中的"开始执行(不调试)"选项即可。单击之后，Visual Studio 2008 将自动编译和运行 Default.aspx 文件。图 1-16 所示显示了 Default.aspx 运行效果图。

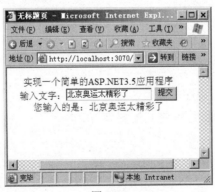

图 1-16

【单元小结】

- ASP.NET 是创建动态 Web 页的一种强大的服务器端新技术，利用这项技术，可以为 World Wide Web 站点或企业内部互联网创建动态可交互的 Web 页面。
- IIS(Internet Information Services，Internet 信息服务)是基于 Windows 服务器的服务，可帮助在任何 Intranet 或 Internet 上发布信息。
- Web 窗体是一项 ASP.NET 功能，可以使用它为 Web 应用程序创建用户界面。
- Web 窗体将 Web 应用程序分成两部分：可视化组件和该页的编程逻辑。

【单元自测】

1. (　　)是用于创建 Web 应用程序的技术，此应用程序可使用 IIS 和 .NET Framework 在 Windows 服务器上运行。
   A. C#　　　　B. ASP.NET　　　　C. VB.NET　　　　D. Visual Studio .NET
2. Web 窗体与(　　)无关。
   A. 控件　　　B. 服务器　　　　C. 浏览器　　　　D. 编译器
3. 下面不属于 ASP.NET 的功能的是(　　)。
   A. 多语言支持　　　　　　　　B. 代码编译执行
   C. 缓存机制　　　　　　　　　D. 较差的安全性
4. (　　)用于指导在 IIS 中创建虚拟目录。
   A. 目录创建向导　　　　　　　B. Web 创建向导
   C. 虚拟路径向导　　　　　　　D. 虚拟目录创建向导
5. (　　)文件由 Visual Studio 创建，用于定义 Web 应用程序配置。
   A. Web.Config　　　　　　　　B. Global.asax
   C. AssemblyInfo.cs　　　　　　D. ASPX

【上机实战】

上机目标

- 了解 ASP.NET 应用程序的创建步骤
- 创建一个 Web 应用程序并将其配置到 IIS 中

上机练习

◆ 第一阶段 ◆

练习1：创建一个 Web 应用程序

【问题描述】

创建一个"在线新闻发布系统"应用程序，要求在下拉列表中选择"新闻来源"，在文本框中输入"新闻内容"，提取系统时间显示在"发布时间"标签中，对文本框进行验证。如果输入内容无误，单击"提交"按钮在"消息"标签中显示"谢谢您提交的新闻！"提示语；单击"重置"按钮可以清除已经选择和输入的内容。

【问题分析】
- 打开 Visual Studio 2008 创建一个 ASP.NET 网站。
- 在 Web 窗体中分别添加标签、下拉菜单、文本框和按钮控件。
- 当页面加载时,提取系统时间添加到"发布时间"标签中。
- 分别为"提交"按钮和"重置"按钮添加 Click 事件。

【参考步骤】

(1) 在 Visual Studio 2008 中新建一个网站。

(2) 右击"解决方案资源管理器"中的 Default.aspx,选择"重命名",然后输入窗体的名称 IssueNews.aspx。

(3) 在 IssueNews.aspx 文件中设计如图 1-17 所示的窗体,向其添加控件并修改它们的属性如表 1-3 所示。

图 1-17

表 1-3　IssueNews.aspx 中控件的属性值

控件	属性	值
Label	ID Text	lblTitle 在线新闻发布系统
Label	ID Text	lblResource 新闻来源
Label	ID Text	lblContent 新闻内容
Label	ID	lblNowTime
Label	ID	lblMessage
DropDownList	ID	ddlResource
TextBox	ID TextMode	txtContent MultiLine
Button	ID Text	btnSubmit 提交
Button	ID Text	btnReset 重置

(4) 在 ddlResource 控件的 Items 属性中，打开"ListItem 集合编辑器"添加各条目。单击"添加"按钮，设置条目的 Text 和 Value 属性，并将"新华社"的 Select 属性设置为 True，如图 1-18 所示。

图 1-18

(5) 双击 IssueNews.aspx 文件窗体，在代码编辑器窗口中打开代码隐藏文件 IssueNews.aspx.cs。

(6) 当加载页面时，在 Page_Load 事件处理程序中添加以下代码，提取当前日期置于 lblNowTime 标签中。

```
protected void Page_Load(object sender, EventArgs e)
{
    //在此处放置用户代码以初始化页面
    lblNowTime.Text = System.DateTime.Today.ToShortDateString();
}
```

(7) 双击"提交"按钮，并向"提交"按钮的 Click 事件中添加以下代码。

```
protected void btnSubmit_Click(object sender, EventArgs e)
{
    //新闻内容是否正确添加
    if (txtContent.Text == "")
    {
        //显示错误消息
        lblMessage.Text = "请输入新闻内容！";
    }
    else
    {
        lblMessage.Text = "此新闻来自 "
                        + ddlResource.SelectedItem.ToString()
                        + " " + "谢谢您提交的新闻！";
    }
}
```

(8) 双击"重置"按钮，向 Click 事件添加以下代码。

```
protected void btnReset_Click(object sender, EventArgs e)
{
    txtContent.Text = "";
    lblMessage.Text = "";
}
```

(9) 选择"生成"→"生成网站"选项，编译此网站。

(10) 选择"调试"→"开始执行(不调试)"，执行此网站，输出结果如图 1-19 所示。

单击"重置"按钮清除新闻内容后，不添加任何内容，单击"提交"按钮将出现提示消息，如图 1-20 所示。

图 1-19

图 1-20

练习 2：在 IIS 中创建虚拟目录

【问题描述】

使用 IIS(Internet Information Services，Internet 信息服务)创建名为 Lab_Guide_Sample 的虚拟目录。

【问题分析】

IIS 是基于 Windows 服务的服务，可帮助在任何 Intranet 或 Internet 上发布信息。虚拟目录的概念在这里显得很重要，它是在地址中使用的逻辑目录名，与服务器上的物理目录相对应。当通过浏览器显示一个特定的网页时，Web 站点会将虚拟目录映射至系统硬盘驱动器的物理目录上，并显示页面内容。

【参考步骤】

要创建虚拟目录，请执行下列步骤。

(1) 单击"开始"按钮，并选择"程序"→"管理工具"→"Internet 服务管理器"，打开如图 1-21 所示的窗口。

图 1-21

(2) 展开"默认 Web 站点",右击,选择"新建"→"虚拟目录",如图 1-22 所示。

图 1-22

(3) 按照"虚拟目录创建向导",输入虚拟目录的别名 Lab_Guide_Sample,以获得此目录的访问权限,如图 1-23 所示,然后单击"下一步"按钮。

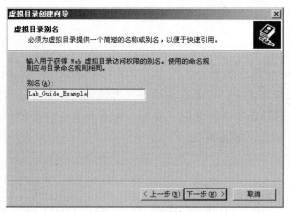

图 1-23

(4) 选择要发布的 Web 站点的目录路径,将刚才设置的虚拟目录与此物理目录相对应,如图 1-24 所示。

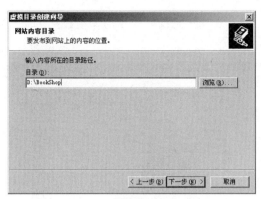

图 1-24

(5) 为此目录选择适当的访问权限,默认访问权限是"读取"和"运行脚本"。存放于本服务器的所有 ASP.NET 应用程序都可以接受这些权限,如图 1-25 所示,单击"下一步"按钮进入"完成虚拟向导"对话框。

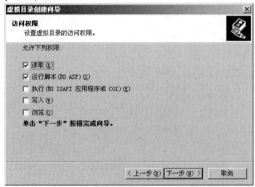

图 1-25

 注意

在"访问权限"对话框中,如果选取"写入",则在应用程序运行的过程中客户端可以向服务器写入数据,为了安全性,建议不选择此项;如果选取"浏览",则在应用程序运行时,此目录下所有的文件都可以列表的形式显示在浏览器中。

(6) 单击"完成"按钮,将完成虚拟目录的创建,并关闭向导,此时新建的虚拟目录"Lab_Guide_Sample"会出现在"默认 Web 站点"目录下,如图 1-26 所示。

图 1-26

(7) 在虚拟目录建立完成后，若想改变其中的各项设置，可右击此"虚拟目录"，选择"属性"，如图 1-27 所示。

图 1-27

(8) 打开"属性"对话框，可进行"虚拟目录"的重置，重新选择启动进默认文档等，如图 1-28 所示。

图 1-28

◆ 第二阶段 ◆

练习：创建一个 Web 应用程序

以填写纳税申报表的详细信息，如姓名、地址、职业和工资总额等。

【问题分析】

使用以下规则计算税款。
- 如果工资总额≤ 50 000 元，则没有税款。
- 如果工资总额＞50 000 元，且 ≤ 150 000 元，则：
  ◆ 标准扣除额=工资的 20%

- ◆ 需纳税的收入=工资总额 − 标准扣除额
- ◆ 应付税款=需纳税收入的20%
● 如果工资总额＞150 000元，则标准扣除额=工资的25%，则：
  - ◆ 需纳税的收入=工资总额−标准扣除额
  - ◆ 应付税款=需纳税收入的40%

计算并显示标准扣除额、需纳税的收入和应付税款。

【拓展作业】

1. 创建一个Web应用程序以接收用户的姓名、年龄、性别和爱好。当用户单击"提交"按钮时，在同一页面的Literal控件中显示用户输入的详细信息。

2. 为某网站编写一个用于会员身份验证的Web应用程序(只包含登录页)，只有当用户输入有效的用户名和密码后，才显示登录成功的信息。

假设只有在"用户名"和"密码"文本框中分别输入admin和password才能通过验证，要求文本框为空时给出提示信息。

单元 6

ASP.NET 页面对象

课程目标

- ▶ 了解 ASP.NET 页面的结构
- ▶ 了解 Page 对象的事件和属性
- ▶ 掌握跨页面的传送方法

ASP.NET 页面基本对象有 Application、Session、Request、Response、Cookie、ViewState 等。页面传值是学习 ASP.NET 初期都会面临的一个问题，总的来说有页面传值、存储对象传值、AJAX、类、model、表单等。但是一般来说，常用的较简单的有 QueryString、Session、Cookies、Application、Server.Transfer。本单元重点介绍页面结构、Page 对象的事件和属性及跨页面的传递。

2.1 网页脚本

在应用程序中编写脚本可以有效地控制页面的行为方式，通常可以通过脚本来完成以下任务。
- 指定输入文本或单击按钮后页面的行为。
- 根据用户的输入或选择将应用程序从一个页面导航至其他页面。
- 收集或存储来自客户端的信息。
- 执行数据库操作，如查询、显示数据库数据等。

网页脚本按其执行的位置可分为服务器端脚本和客户端脚本。

2.1.1 服务器端脚本

服务器端脚本也是页面的一部分，它不发送至浏览器，而是在请求页面之后和在回送至浏览器之前由服务器处理这些脚本。

代码声明块定义在嵌入 ASP.NET 应用程序文件内使用 runat="server"属性标记。其结构代码如下所示。

```
<script runat="server"language="C#">
代码…
</script>
```

language 属性指定用于代码声明块的语言。该值可以表示为任何与.NET Framework 兼容的语言，如果未指定任何语言，该值默认为@Page 或@Control 指令中指定的语言。runat 属性的值为 runat="server"，此属性指定 script 块中包含的代码在服务器而不是客户端上运行。此属性对于服务器端代码块是必需的。

2.1.2 客户端脚本

客户端脚本是页面的一部分，当用户请求页面时，就将这些脚本发送至浏览器。客户端脚本包含要在客户端执行的脚本代码，通常对客户端事件进行响应，JavaScript 是比较常用的客户端脚本语言。客户端脚本可以实现：
- 在将某个页面加载至浏览器或用户单击按钮时，改变页面的外观。
- 验证用户在窗体中输入的数据，将通过验证的数据发送至服务器。
- 当触发按钮的单击事件时，在浏览器中显示相关的信息。

2.2 Page 对象

2.2.1 ASP.NET 运行机制

ASP.NET 页文件是含有在 Web 服务器上执行代码的文件。Web 窗体是静态的文本和控件的容器，它由两部分组成：可视化元素(HTML、服务器控件和静态文本)和该页的编程逻辑。Visual Studio .NET 将这两个组成部分分别存储在一个单独的文件中。可视元素在一个.aspx 文件中创建，而代码位于一个单独的类文件中，该文件称作代码隐藏类文件(aspx.vb 或 aspx.cs)。根据使用的语言是 Visual Basic .NET 或是 Visual C# .NET，其扩展名为".aspx.vb"或".aspx.cs"。

图 2-1 显示了扩展名为.aspx 的可视化元素文件和扩展名为 .aspx.cs 的表示编程逻辑的文件如何共同组成用户界面窗体。

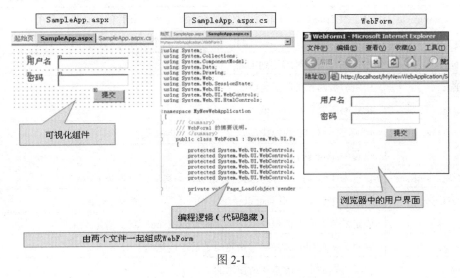

图 2-1

当 Visual Studio .NET 为 Web 窗体创建页和类文件时，它将生成从基 Page 类继承的代码。例如，如果创建新的 Web 窗体并将其命名为 WebPage1，则会从 System.Web.UI.Page 派生一个名为 WebPage1 的新类。.aspx 页文件又从派生的 WebPage1 类继承。由于.aspx 文件在用户浏览该页时会动态地进行编译，它与类文件的关系将通过页顶部的脚本指令来建立。在 Visual Studio .NET 中，即使将 Web 窗体重命名，.aspx 文件和类文件之间的关系仍会自动创建和维护。具体地说，@Page 指令的 Inherits 属性用于指定.aspx 文件派生自的类文件。当用户请求网页时，即执行这个类，并将产生的 HTML 代码提交给浏览器以显示输出，然后将此类从内存中删除。

2.2.2 Page 指令

我们创建一个页面时，可以以声明的方式设置页面的许多属性。在 ASP.NET 中利用指令来指定页面或用户控件编译器在处理 ASP.NET Web 窗体页(.aspx)文件或用户自定义控件(.ascx)时使用的设置。每个指令都有一组控制页面生成的相关属性。

在使用指令时，通常的做法是将这些指令放在文件的开头，也可将它们置于.aspx 或.ascx 文件的任何位置。每个指令可包含一个或多个属性。在 ASP.NET 页面或用户控件中有 11 个指令，指令以<%@开头，以%>结束。我们最好把这些指令放在页面或控件的顶部，因为开发人员传统上都把指令放在那里(但如果指令位于其他地方，页面仍能编译)。当然，也可以把多个属性添加到指令语句中。

@Page 指令允许为 ASP.NET 页面(.aspx)指定解析和编译页面时使用的属性和值。这是最常用的指令。Page 指令是 ASP.NET 的一个重要部分，所以它有许多属性。表 2-1 列出了@Page 指令的常见属性。

表 2-1 Page 指令的常见属性

属　　性	说　　明
AutoEventWireUp	设置为 True 时，指定页面事件自动触发。这个属性的默认设置是 True
Buffer	设置为 True 时，支持 HTTP 响应缓存。这个属性的默认设置是 True
ClassName	指定编译页面时绑定到页面上的类名
CodeFile	引用与页面相关的后台编码文件
CodePage	指定响应的代码页面值
ContentType	把响应的 HTTP 内容类型定义为标准 MIME 类型
Debug	设置为 True 时，用调试符号编译页面
EnableSessionState	设置为 True 时，支持页面的会话状态，其默认设置是 False
EnableTheming	设置为 True 时，页面可以使用主题。其默认设置是 False
EnableViewState	确定是否为服务器控件保持页面的 ViewState。默认值是 True
ErrorPage	为所有未处理的页面异常指定用于发送信息的 URL
Language	定义内置显示和脚本块所使用的语言
MasterPageFile	带一个 String 值，指向页面所使用的 master 页面的地址。这个属性在内容页面中使用
ResponseEncoding	指定页面内容的响应编码
Theme	使用主题功能，把指定的主题应用于页面

(续表)

属 性	说 明
Title	应用页面的标题。这个属性主要用于必须应用页面标题的内容页面，而不是应用 master 页面中指定内容的页面
Trace	设置为 True 时，激活页面跟踪，其默认值是 False
TraceMode	指定激活跟踪功能时如何显示跟踪消息。这个属性的设置可以是 SortByTime 或 SortByCategory，默认设置是 SortByTime
Transaction	指定页面上是否支持事务处理。这个属性的设置可以是 NotSupported、Supported、Required 和 RequiresNew，默认值是 NotSupported

下面是使用 @Page 指令的一个示例：

```
<%@Page Language="C#" AutoEventWireup="true" CodeFile="Default.aspx.cs"  Inherits="_Default" %>
```

2.2.3 代码隐藏

ASP.NET 代码隐藏文件使开发人员可以在类中编写控制页面的逻辑，这样可与页面的 HTML 代码清楚地分离开来。代码隐藏机制将 ASP.NET 页面分为两个文件，一个含有可视化元素表示页面内容(.aspx)，另一个为代码隐藏文件，含有应用程序逻辑，代码存储在一个单独的类文件中(.aspx.cs 或.aspx.vb)。

在 Visual Studio .NET 中，可以创建可视化元素和逻辑代码在同一文件中的窗体，例如，以下代码表示一个为 login.aspx 的页面，其表示内容的可视化元素和应用程序逻辑代码都混写在同一个文件中。我们可以在任意的文本编辑器中编写这样的代码，并以扩展名.aspx 进行保存。

```
<% @Page Language="C#" %>
<script runat="server">
private void btnLogin_Click(object sender,System.EventArgs e)
{
    lblManage.Text = "欢迎,进入网站!";
}
</script>
<html>
<head><title>登录窗体</title></head>
<body>
<form runat="Server">
<asp:Button ID="btnLogin" Text="登录" OnClick="btnLogin_Click"
    Runat="Server" />
<p>
<asp:Label ID="lblMessage" Runat="Server" />
</form>
```

```
</body>
</html>
```

上述代码显示的页面含有一个 Button 控件和一个 Label 控件。当用户单击按钮时，执行 btnLogin_Click 事件，并将一则消息赋值给标签。

现在，将此页面分为两个单独文件，一个是存放可视化元素的表示文件 myLogin.aspx，一个是代码隐藏文件 myLogin.aspx.cs。表示文件的代码如下所示：

```
<% @Page Language="C#" CodeFile="myLogin.aspx.cs"
    AutoEventWireup="false" Inherits="myLogin" %>
<html>
<head><title>代码隐藏示例_登录窗体</title></head>
<body>
<form runat="Server">
<asp:Button ID="btnLogin" Text="登录" OnClick="btnLogin_Click"
    Runat="Server" />
<p>
<asp:Label ID="lblMessage" Runat="Server" />
</form>
</body>
</html>
```

代码隐藏文件含有一个未编译的 C#类文件，此文件的名称为 myLogin.aspx.cs，代码如下所示。

```
using System;
using System.Data;
using System.Configuration;
using System.Collections;
using System.Web;
using System.Web.Security;
using System.Web.UI;
using System.Web.UI.WebControls;
using System.Web.UI.WebControls.WebParts;
using System.Web.UI.HtmlControls;

public partial class myLogin : System.Web.UI.Page
{
    protected void btnLogin_Click(object sender, EventArgs e)
    {
        lblMessage.Text = "欢迎，进入网站！ ";
    }
}
```

虽然一个 Web 窗体页由两个单独的文件组成，但这两个文件在应用程序运行时形成了一个整体。项目中所有 Web 窗体的代码隐藏类文件都被编译成由项目生成的动态链接库 (.dll)文件。Web 窗体.aspx 页文件也会被编译，但编译的方式稍有不同。当用户第一次浏览到.aspx 页时，ASP.NET 自动生成表示该页的.NET 类文件，并将其编译成另一个.dll 文件。为.aspx 页生成的类从被编译成项目.dll 文件的代码隐藏类继承。只要 Web 窗体页收到请求，此.dll 文件就会在服务器上运行。在运行时，此.dll 文件通过动态创建输出并将其发送回浏览器或客户端设备来处理传入的请求和响应。

2.2.4 Page 对象的事件

ASP.NET 开发人员一直在服务器端代码中使用各种事件。他们使用的许多事件都专用于特定的服务器控件。例如，如果要终端用户单击 Web 页面上的一个按钮时执行某个操作，就要在服务器端代码中创建一个按钮单击事件。

除了服务器控件之外，开发人员还希望在创建或删除 ASP.NET 页面时执行操作。ASP.NET 页面有许多事件来完成这些任务。表 2-2 按先后顺序列出了页常用的生命周期事件并给出了典型应用。

表 2-2 页面的生命周期事件

事 件	典型应用和备注
PreInit	设置母版页，设置主题
Init	在所有控件都已初始化且已应用所有外观设置后引发
InitComplete	使用该事件来处理要求先完成所有初始化工作的任务
PreLoad	引发该事件后，会为 Page 自身和所有控件加载视图状态，在该事件的代码中读取的控件属性值是已经根据视图状态修改了的属性值 如果请求是回发请求，在此事件之前的 3 个事件中不要设置控件的属性，即使设置了新值也会因为加载视图状态而改变
Load	建立数据库连接 以递归方式对 Page 对象的每个子控件执行 Load 操作，如此循环往复，直到加载完本页和所有控件为止
控件事件	如 Button 的 Click 事件等
LoadComplete	对需要加载页上的所有其他控件的任务使用该事件
PreRender	对页和控件的内容进行最后的修改 在该事件发生前，凡是设置了 DataSourceID 属性的每个数据绑定控件会自动调用 DataBind()方法
SaveStateComplete	在该事件发生前，已针对页和所有控件保存了视图状态。在该事件及之后的任何事件中对视图状态的修改都无效
Render	对页中的每个控件调用它们各自的 Render()方法，该方法的作业是把 Page 对象转换为 HTML 代码
Unload	关闭文件或数据库连接等

2.2.5 Page 对象的属性

Page 对象的属性如表 2-3 所示。

表 2-3　Page 对象的属性

属　性	说　明
Application	为当前 Web 请求获取 Application 对象。对于每个 Web 应用程序来说，只需一个该对象的实例。它是由所有访问该 Web 应用程序的客户端共享的
EnableViewState	指定当前页面上的服务器控件是否在页面请求之间保持 ViewState。该值影响网页上的所有控件，同时取代控件自身的任何个人设置
ErrorPage	获取或设置错误页，在发生未处理的页异常的事件时请求浏览器将被重定向到该页
IsPostBack	获取一个值，该值表示页是第一次访问还是回发访问
IsValid	获取一个值，该值指示页面验证是否成功
Request	用于获取 HttpRequest 对象，此对象与从客户端发送 HTTP 请求数据的当前页面关联
Response	用于获取 HttpResponse 对象，此对象与向客户端发送 HTTP 响应数据的当前页面关联
Server	对当前 Server 对象的引用
Session	用于获取 ASP.NET 提供的当前 Session 对象

利用 Page 对象的 IsPostBack 属性，可以检查.aspx 页是否是回发。如果 Page.IsPostBack 属性值为 False，则此页面为首次加载。如果因为在页面上执行了某些操作导致表单被提交从而引起服务器再次加载该页，则该布尔值为 true。对于在加载页面时使用从数据库中检索的数据来填充的控件，该属性是非常有用的。如果.aspx 页不刷新，则不需要对此页面中的控件再次进行填充。

以下用上一单元上机课后作业 1 为例来说明如何在网页中使用 Page.IsPostBack 属性。具体步骤如下：

(1) 新建一个 C#网站 Example2_1，将 Default.aspx 页面设计如图 2-2 所示。

(2) 在 Page_Load 事件中添加性别选项。

图 2-2

```
protected void Page_Load(object sender, EventArgs e)
{
    this.ddlSex.Items.Add("男");
    this.ddlSex.Items.Add("女");
}
```

(3) 在提交按钮的"Click"事件中编写如下代码。

```
protected void btnSubmit_Click(object sender, EventArgs e)
{
    this.ltrInfo.Text = "你的姓名：" + this.txtName.Text
        + " 年龄：" + this.txtAge.Text
        + " 性别：" + this.ddlSex.SelectedItem.ToString()
```

```
            +" 爱好："+ this.txtHobby.Text;
}
```

(4) 编译并执行此示例以查看输出结果，如图 2-3 所示。

输入信息，单击"提交"按钮后会得到如下结果，如图 2-4 所示。

图 2-3

图 2-4

我们发现性别出现了重复，通过分析我们知道，当页面第一次加载时向性别下拉框添加了两个选项，并且这两个选项已经保存在视图状态中，当单击"提交"按钮后页面再次加载，从 Page 的生命周期事件我们知道在 Load 事件之前还有一个事件 PreLoad，在该事件中会自动读取视图状态的值并赋值给控件，此时性别下拉框已经具有两个选项，然后执行 Load 事件，在 Load 事件中又重复添加了两个选项。为了避免这个问题，我们就需要区分页面是第一次加载还是回发加载，将 Load 事件的代码改成如下所示就可以解决这个问题。

```
protected void Page_Load(object sender, EventArgs e)
{
    if (Page.IsPostBack) //只有第一次加载时才添加选项
    {
        this.ddlSex.Items.Add("男");
        this.ddlSex.Items.Add("女");
    }
}
```

2.3　ASP.NET 页面传值

2.3.1　页内数据传递

当想成为某个网站的会员而进行注册时，通常需要填写大量的个人信息。在提交时，如果用户填写的信息有误或者不符合要求，系统会清空所有已填内容，并提醒用户重新进行填写。如果能够保留用户所填的信息，会起到更好的效果。在 ASP.NET 中可以利用视图状态实现页内数据的传递。

_VIEWSTATE 是 ASP.NET 中用来保存 Web 控件回传时状态值的控件。当 Web 窗体设置为 runat="server" 时，此窗体就被附加了一个<input type="hidden">类型的控件_VIEWSTATE。_VIEWSTATE 中存放了所有控件的状态值。当请求某个页面时，ASP.NET 把所有控件的状态序列转换成一个字符串，然后作为窗体的隐藏属性送到客户端。当客户端把页面回传时，ASP.NET 分析回传的窗体属性，并赋给控件对应的值，上一节"性别"控件的选项就是通过_VIEWSTATE 来存储的。当然这些全部是由 ASP.NET 负责的，对用户来说是透明的。

视图状态适用于与窗体元素对应的 ASP.NET 控件。同时，所有标准的 ASP.NET 控件也都可以维护自身状态。ViewState 常用于保存单个用户的状态信息，有效期等于页面的生存期。ViewState 容器可以保存大量的数据，但是必须谨慎使用，因为过多使用会影响应用程序的性能。所有 Web 服务器控件都使用 ViewState 在页面回发期间保存自己的状态信息。如果某个控件不需要在回发期间保存状态信息，最好关闭该对象的 ViewState，避免不必要的资源浪费。通过给@Page 指令添加"EnableViewState=false"属性可以禁止整个页面的 ViewState。在服务器端使用 ViewState 对象保存信息的代码如下：

```
//存放信息
ViewState["nameId"]="0001";
//读取信息
String NameID = ViewState["nameID"].ToString();
```

2.3.2 跨页数据传递

在 ASP.NET 1.0/1.1 中进行跨页面的传送是很难实现的。跨页面的传送就是提交窗体(如 Page1.aspx)，并把这个窗体和所有的控件值都传送给另一个页面(Page2.aspx)。

传统上，在 ASP.NET 1.0/1.1 中创建的页面都只传送给它自己，控件值都在这个页面实例中处理。区分页面的第一次请求和回送可以使用 Page.IsPostBack 属性，如下所示：

```
if (Page.IsPostBack)
{
    //处理相关的操作
}
```

即使有了这个功能，开发人员仍希望能把数据传送给另一个页面，并在该页面上处理第一个页面的控件值。在 ASP.NET 3.5 中已实现了这个功能，其过程非常简单。

例如，创建一个 Page1.aspx，其中包含一个简单的窗体，这个页面清单如下所示。

```
<%@ Page Language="C#" AutoEventWireup="true" CodeFile="Page1.aspx.cs" Inherits="Page1" %>

<!DOCTYPE html PUBLIC "-//W3C//DTD XHTML 1.0 Transitional//EN"
"http://www.w3.org/TR/xhtml1/DTD/xhtml1-transitional.dtd">

<html xmlns="http://www.w3.org/1999/xhtml" >
```

```
<head id="Head1" runat="server">
    <title>First Page</title>
</head>
<body>
    <form id="form1" runat="server">
    <div>
        <table style="left: -2px; width: 289px; position: relative;
            top: -6px; height: 120px">
            <tr>
                <td style="width: 135px"> 请输入您的姓名：</td>
                <td style="width: 100px">
                    <asp:TextBox ID="txtName" runat="server"
                        Width="130px"></asp:TextBox></td>
            </tr>
            <tr align="center">
                <td style="width: 135px; height: 60px;" align="center">
                    <asp:Button ID="btnPage1" runat="server"
                        Text="提交本页面" OnClick="btnPage1_Click" /></td>
                <td style="width: 100px; height: 60px;" align="center">
                    <asp:Button ID="btnPage2" runat="server"
                        Text="提交到 Page2" PostBackUrl="Page2.aspx"/></td>
            </tr>

            <tr>
                <td colspan="2">
                <asp:Label ID="lblMessage" runat="server"
                    Width= "273px" ></asp:Label>
                </td>
            </tr>
        </table>
        <br />
    </div>
    </form>
</body>
</html>
```

在页面中加入 btnPage1 按钮事件如下所示：

```
protected void btnPage1_Click(object sender, EventArgs e)
{
    this.lblMessage.Text = "Hello " + this.txtName.Text;
}
```

如上程序清单所示，Page1.aspx 的代码非常有趣。首先，在页面上显示两个按钮。这两个按钮都提交窗体，但把窗体提交给不同的地址。第一个按钮把窗体提交给它自己，这是 ASP.NET 的默认操作。实际上，btnPage1 并没有什么不同，它把 Page1.aspx 提交为回送内容，因为在按钮控件上使用了 OnClick 属性。Page1.aspx 上的按钮事件处理页面上服务器控件包含的值。

第二个按钮 btnPage2 完全不同。与第一个按钮不同，这个按钮不包含 OnClick 事件，它使用的是 PostBackUrl 属性。这个属性带一个字符串值，指向页面要传送到的文件位置。在本例中是 Page2.aspx。这说明，现在 Page2.aspx 接收回送的内容和包含在 Page1.aspx 控件中的所有值。Page2.aspx 的代码如下所示：

```
<%@ Page Language="C#" AutoEventWireup="true" CodeFile="Page2.aspx.cs" Inherits="Page2" %>

<!DOCTYPE html PUBLIC "-//W3C//DTD XHTML 1.0 Transitional//EN"
            "http://www.w3.org/TR/xhtml1/DTD/xhtml1-transitional.dtd">

<html xmlns="http://www.w3.org/1999/xhtml" >
<head id="Head1" runat="server">
    <title>Second Page</title>
</head>
<body>
    <form id="form1" runat="server">
    <div>
        <asp:Label ID="lblMessage2" runat="server"
            Width="340px"></asp:Label></div>
    </form>
</body>
</html>
```

在 Page2.aspx.cs 中我们用如下代码处理提交过来的数据：

```
protected void Page_Load(object sender, System.EventArgs e)
{
    if (Page.PreviousPage != null)
    {
        TextBox t1 = (TextBox)PreviousPage.FindControl("txtName");
        if (t1 != null)
        {
            this.lblMessage2.Text = "Hello " + t1.Text + "<br>";
        }
    }
}
```

可以看出，跨页面的传送是很容易处理的。注意，在从一个页面传送到另一个页面时，并不限于在第二个页面上处理回送的内容。实际上，还可以在 Page1.aspx 上创建方法，来处理回送的内容，再移动到 Page2.aspx 上。为此，只需在 Page1.aspx 上为按钮添加一个 OnClick 事件和一个方法，再为 PostBackUrl 属性指定一个值。然后就可以处理 Page1.aspx 上的回送，再移动到 Page2.aspx 上。

【单元小结】

- ASP.NET 页文件是含有在 Web 上执行代码的文件，其扩展名是 .aspx 或 .ascx。
- ASP.NET 页面中使用下面两种类型的脚本。
    - 服务器端脚本。
    - 客户端脚本。
- 事件处理程序实际上就是一个子程序，执行任何给定事件的相关代码。
- 在页面加载时引发 Page_Load 事件。
- 视图状态 ViewState 用于将控件的属性值在客户端和服务器端来回传递。
- Page.IsPostBack 属性用于检查页面是否为回发加载。
- 可以使用 PreviousPage 对象访问前一个页面的控件值。

【单元自测】

1. Web 窗体页支持(　　)驱动编程模型。
   A. 过程　　　　　　B. 功能　　　　　　C. 事件　　　　　　D. 中断
2. (　　)指令用于在处理和编译某页面时配置此页面的属性。
   A. @Control　　　　B. @Import　　　　C. @Page　　　　　D. @Register
3. Page_Load 事件在(　　)时引发。
   A. 初始化页面　　　B. 页面加载　　　　C. 处理控件事件　　D. 验证页面
4. 代码隐藏文件用于存储窗体上的(　　)。
   A. 控件中输入的值　B. 静态元素　　　　C. 用户注释　　　　D. 应用程序代码
5. 跨页面提交数据需要设置提交按钮的(　　)属性。
   A. OnClick　　　　　　　　　　　　　　B. EnableViewState
   C. PostBackUrl　　　　　　　　　　　　D. IsPostBack

【上机实战】

上机目标

- 掌握 Page_Load 事件和 Page.IsPostBack 属性的使用
- 理解跨页面传值

上机练习

◆ **第一阶段** ◆

练习 1：理解 Page_Load 事件、Page.IsPostBack 属性、跨页面传送

【问题描述】

编写一个 ASP.NET 网站，实现日程安排表的填写和昨天日程安排的查询。日程安排表需要填写主题、地点、类型、时间和内容。当页面首次加载时在题目处显示当前系统日期，"类型"是在应用程序运行时填写在下拉式列表中。当单击"提交"按钮时，填写的内容显示在 Label 控件中。

【问题分析】

- 在 Page_Load 事件处理程序中加载时间和"类型"列表。首次加载页面时，Page.IsPostBack 属性的值是 false。在引发 Load 事件时，将会检查 Page.IsPostBack 属性的值。如果其值为 false，则会在页面中显示日期，如果为 true 则显示为空。
- 单击"提交"按钮，触发 Click 事件，将输入的内容显示在 Label 控件中。
- 单击"昨天的日程安排"链接，页面跳转到 YesterdayCalender.aspx。

【参考步骤】

（1）在 Microsoft Visual Studio .NET 2008 中建立一个名为"Schedule"的 ASP.NET 网站。

（2）删除 Default.aspx，再添加一个 CalenderForm.aspx。

（3）向 Web 窗体添加控件，设计如图 2-5 所示。

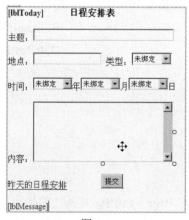

图 2-5

CalenderForm.aspx 页面上使用的控件及其属性如表 2-4 所示。

表 2-4　CalenderForm.aspx 页面各个控件的属性

控　件	属　性	值
Label	ID Text Font → Bold	lblToday True
Label	ID Text Font → Bold	lblArrage 日程安排表 True
Label	ID Text	lblMessage
TextBox	ID	txtTitle
TextBox	ID	txtAddress
TextBox	ID TextMode	txtContent MultiLine
DropDownList	ID	ddlStyles
DropDownList	ID	ddlYear
DropDownList	ID	ddlMonth
DropDownList	ID	ddlDay
Button	ID Text	btnSubmit 提交
HyperLink	ID Text NavigateUrl	hlkCalender 昨天的日程安排 yesterdayCalender.aspx

（4）在 CalenderForm.aspx.cs 隐藏文件的 Page_Load 事件处理程序中添加代码，当页面初次加载时在 lblToday 标签上显示系统当前日期。同时在程序运行时将类型和时间内容添加到下拉列表中。

```
protected void Page_Load(object sender, EventArgs e)
{
    if (!Page.IsPostBack)
    {
        lblToday.Text = DateTime.Now.ToShortDateString();
        ddlStyles.Items.Add("公司会议");
        ddlStyles.Items.Add("部门讨论");
        ddlStyles.Items.Add("私人约会");
        for (int i = 2009; i < 2020; i++)
        {
            this.ddlYear.Items.Add(i.ToString());
        }
        for (int i = 1; i <= 12; i++)
        {
            this.ddlMonth.Items.Add(i.ToString());
        }
```

```
            for (int i = 1; i <= 31; i++)
            {
                this.ddlDay.Items.Add(i.ToString());
            }
        }
    }
```

(5) 在提交按钮 btnSubmit_Click 事件处理程序中添加如下代码,将填写的信息显示在 lblMessage 标签中。

```
protected void btnSubmit_Click(object sender, EventArgs e)
{
    lblMessage.Text = "主题为" + txtTitle.Text
        + "的" + ddlStyles.SelectedItem.ToString()
        + "将在" + ddlYear.SelectedItem.ToString()
        + "年" + ddlMonth.SelectedItem.ToString()
        + "月" + ddlDay.SelectedItem.ToString()
        + "日于" + txtAddress.Text + " 举行。 "
        + "主要内容为: " + txtContent.Text;
}
```

(6) 单击"昨天的日程安排"链接,可进入 YesterdayCalender.aspx 页面,页面设计如图 2-6 所示。

```
[lblYester
返回前一天
```

图 2-6

YesterdayCalender.aspx 页面用的控件及其属性如表 2-5 所示。

表 2-5 YesterdayCalender.aspx 页面控件属性

控　件	属　性	值
Label	ID Text Font → Bold	lblYesterday True
HyperLink	ID Text NavigateUrl	hlkBack 返回前一天 CalenderForm.aspx

(7) 在 YesterdayCalender.aspx.cs 代码隐藏文件的 Page_Load 事件处理程序中添加如下代码。

```
protected void Page_Load(object sender, EventArgs e)
{
    lblYesterday.Text = "这里是前一天的日程安排";
}
```

(8) 选择"生成"→"生成网站"选项，以生成此网站。

(9) 选择"调试"→"开始执行(不调试)"，以执行此应用程序，应用程序运行结果如图 2-7 至图 2-9 所示。

图 2-7

图 2-8

图 2-9

在此页面中单击"返回前一页"超链接，将使页面重定向到 CalenderForm.aspx 页面中。注意，此时各控件中所有填写的信息将全部丢失。

练习 2：理解 ASP.NET 代码隐藏技术

【问题描述】

编写一个 ASP.NET 应用程序，求一个数的阶乘。

【问题分析】

- 允许用户在.aspx 页面上的文本框中输入一个数值。
- 触发按钮的 Click 事件，将计算结果存储在代码隐藏文件.aspx.cs 中。
- 将计算结果回送至浏览器。

【参考步骤】

(1) 使用 ASP.NET 2008 创建一个 ASP.NET 网站。

(2) 将 Default.aspx 文件重命名为 Factorial.aspx。

(3) 设计 Factorial.aspx 页面，如图 2-10 所示。

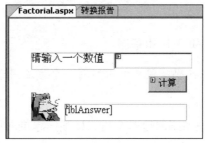
图 2-10

Factorial.aspx 页面中使用的控件及其属性如表 2-6 所示。

表 2-6 Factorial.aspx 页面的控件及其属性

控件	属性	值
Label	ID Text	lblAnswer
TextBox	ID	txtNum
Button	ID Text	btnAccount 计算

(4) 在代码隐藏文件 Factorial.aspx.cs 中，给"计算" btnShow 添加 Click 事件，代码如下。

```
protected void btnShow_Click(object sender, System.EventArgs e)
{
    int num =  Convert.ToInt32(txtNum.Text);
    int val = 1;
    for(int i=2;i<=num;i++)
    {
        val = val * i;
    }
    lblAnswer.Text ="正确答案为： " +Convert.ToString(val);
}
```

(5) 选择"生成"→"生成网站"选项，编译此网站。

(6) 选择"调试"→"开始执行(不调试)"，执行此应用程序，输出结果如图 2-11 所示。

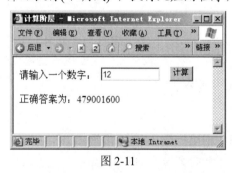

图 2-11

◆ 第二阶段 ◆

练习 1：创建一个 ASP.NET 应用程序

接收 3 个输入的数值，在代码隐藏文件中编写一个方法用于判断这 3 个数中的最大值，并将结果返回至浏览器中。

练习 2：为公司人事管理系统创建一个员工详细信息录入页面

在页面加载时从数据库读取部门信息。要求将输入的内容使用 JavaScript 弹出提示信息。

【问题描述】

由于可能多次添加员工，所以要在 Page_Load 事件处理程序中使用 Page 类的 IsPostBack 属性来防止多次添加部门信息。部门表结构如表 2-7 所示。

表 2-7 部门表结构及信息

字段名称	类型	备注
deptid	varchar(20)	部门编号，主键
deptname	varchar(50)	部门名称，非空

可以使用 Literal 控件来弹出 JavaScript 对话框，代码如下：

ltrInfo.Text = "<script language='javascript'>alert('测试数据');</script>"

页面设计如图 2-12 所示。

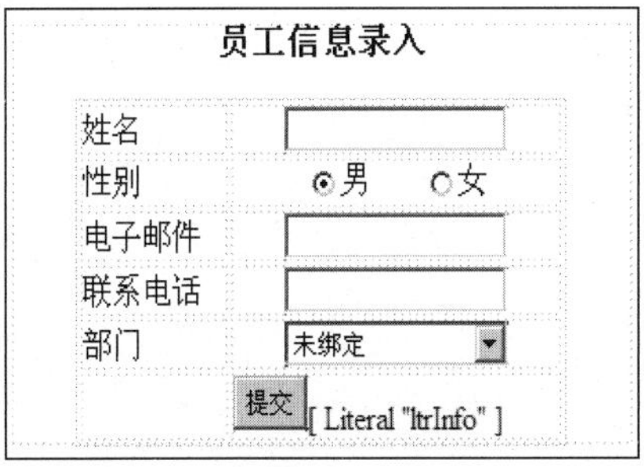

图 2-12

【拓展作业】

创建一个新用户注册页面 RegNewUser.aspx，要注册的信息包括电子邮件、密码、真实姓名、地址、邮编和联系电话，将表单提交到另一个页面 Confirm.aspx，在该页面中显示新用户信息。

单元三

基本控件的使用

课程目标

- ▶ 了解 Web 服务器控件的工作原理
- ▶ 掌握基本控件的用法
- ▶ 掌握验证控件的用法

 简介

在 WinForm 应用程序中，经常使用各种控件。在 ASP.NET 中同样也提供了各种控件，方便我们的开发。

Microsoft 将传统的 HTML 标记语言中的标签变成由图形方式拖动生成控件，这样就形成了 HTML 控件，这部分控件一般展现在客户端。但有时在服务器端也需要控件，Microsoft 在 ASP.NET 中又对传统的控件进行了延伸，创建了服务器端控件。HTML 服务器控件派生自 System.Web.UI.HtmlControls 命名空间，Web 服务器控件派生自 System.Web.UI.WebControls 命名空间，每个控件实际上都是一个控件类，它们都具有属性、方法、事件，我们可以通过编写程序操纵该控件的属性、方法、事件来实现对该控件的操作。本单元将介绍一些常用的 Web 服务器控件和 HTML 服务器控件。

3.1 Web 服务器控件

3.1.1 Web 服务器控件工作原理

由于 Web 服务器控件是微软在 ASP.NET 中新提出来的，因此我们有必要知道 ASP.NET 页面中 Web 服务器控件的工作原理。

由客户端发送命令到服务器端请求打开某个页面，服务器的 IIS 根据请求打开页面的扩展名来判断是采用哪个组件来进行解析，若扩展名是 htm 或 html 的文件则不解析直接返回，若扩展名是.aspx 文件则调用 aspnet_isapi.dll 来解析，解析的文件形成 HTML 流之后返回客户端，客户端的浏览器将 HTML 流显示出来。Web 服务器控件在解析过程中被解析成对应的 HTML 控件元素，如<input type= "button" name= "btnAdd" value= "添加">、<select name= "lstGrade" ><option>一级</option></select>等。

3.1.2 Web 服务器控件的公共属性介绍

由于 Web 服务控件是一系列的控件集合，因此它们具有以下一些共同的特点。

(1) 所有的 Web 服务器控件都有 ID 属性，该属性在 Web 窗体中所有的控件中是唯一的，可以通过它识别控件和操作控件。

(2) 所有接收用户输入数据、显示程序中数据和提示用户的控件都有 Text 属性。用于接收用户输入数据的控件有 TextBox 和 FileUpload 等；用于显示程序中数据和提示用户的有 Label 和 Literal 等。

(3) 所有发送窗体或单击按钮时将其数据回发到服务器的 Web 服务器控件都具有 AutoPostBack 属性，该属性的值是布尔值(true/false)。默认情况下，此属性设置为 false，

即当将窗体回发到服务器时,一次性发送为所有控件输入和选择的数据。但是,如果控件的值一发生变化时就需要将该值发回,则应该设置为 true。比如,当我们的窗体上有"省"的下拉列表和"县市"的下拉列表,当选中某个省的时候,就需要相应的县在县市下拉列表中显示,这样的话,我们就有必要把"省"下拉列表控件的 AutoPostBack 属性设置为 true。Button 控件不支持 AutoPostBack,因为它没有数据可以返回,并且单击时负责发回整个窗体。

(4) 所有的 Web 服务器控件均有 EnableViewState 属性,属性值为布尔值(ture/false)。此属性用于定义控件的视图状态或其包含的当前值在窗体发回到服务器之后是否保留在控件中。

3.1.3　Web 服务器控件的布局模式

在把各种控件添加到窗体上之后,后面的问题就是如何布置使得界面方便用户使用、美观以及编写程序实现交互。为了定位控件,有以下两种布局模式。

1. 流模式(FlowLayout)

这种布局模式采用相对于页面上其他元素的方式来定位。在程序运行时动态添加元素,新控件之后的控件自动向下移动。流模式一般用于以文档为中心的应用程序,尤其是文本与控件大量混合时。

2. 网格模式(GridLayout)

这种布局模式能将控件准确放置在其被拖动的位置,并在页面上有绝对位置。网格布局由于是通过绝对坐标来确定其位置,因此一般用于在应用程序中窗体与少量文本混合的场合。使用网格布局的网页可能会在非 IE 浏览器下以不同的方式进行显示。

VS 2008 默认为流布局,而且在属性选项卡上没有该属性可选,其实我们还是可以通过使用菜单"工具"→"选项"→"HTML 设计器"→"CSS 样式"→"对于使用工具箱、粘贴或拖放操作添加的控件,将定位更改为绝对定位"的操作来改变布局方式。

3.2　HTML 服务器控件

HTML 服务器控件是 HTML 元素的一种演变,HTML 元素包含使其自身服务器上可见并可编程的属性。默认情况下,服务器无法使用 Web 窗体页上的 HTML 元素,只有在客户端的浏览器可以使用,这些元素被视为传递给浏览器的不透明文本。但是,通过设置 HTML 的 runat="Server",可以将 HTML 元素转换为 HTML 服务器控件,这样就可以在服务器端进行使用。

HTML 服务器控件属于 System.Web.UI.HtmlControls 命名空间,是从 HtmlControl 类派生出来的。

HTML 服务器控件由 ASP.NET 运行库在服务器端处理。因此,使用页面中任意一处的代码均可访问此类控件的属性。

3.3 HTML 服务器控件与 Web 服务器控件的区别

为了更好地理解两种控件之间的区别，我们有必要知道以下两个概念。

1. 往返过程

浏览器向用户显示一个窗体，用户与该窗体进行交互，这会导致该窗体回发到服务器。但是，因为与服务器组件进行交互的所有处理必须在服务器上发生，这意味着对于要求处理的每一个操作而言，必须将该窗体发送到服务器—进行处理—返回到浏览器，这一事件序列称作"往返行程"。因此我们不难理解，为什么 Web 服务器控件不支持 OnMouseOver、OnMouseOut 事件？因为我们每触发一次都要在服务器和客户端间往返一次，也就是我们所说的会引起"刷屏"。但我们可以为 Web 服务器控件，增加客户端的事件以支持这些操作。

2. 无状态性

客户端向服务器发送一个请求(如在 IE 栏输入网址，回车)，服务器接收到请求，响应请求(处理事件)，服务器完成处理后将生成 Web 页发送回浏览器，然后将清除该页的信息，释放服务器资源。服务器再等待下一次请求，即使下一次请求的是同一页面，服务器仍将重新开始创建和处理该页。服务器就是这样不停地重复这一过程。服务器不记录页面的状态或信息的特性，我们就称之为"无状态性"。也许有人会有疑问，为什么我们的控件每次刷新时会自动保持状态，其实那是因为 ASP.NET 引入了视图状态和状态管理，它会自动保持 Web 控件的状态。

我们就来看看 ASP.NET 中的服务器处理页面的一个过程，服务器处理页面的过程分以下几个阶段：ASP.NET 页框架初始化(Page_Init())→用户代码初始化(Page_Load())→验证(调用任何验证程序，Web 服务器控件的 Validate()方法用来执行该控件的指定验证)→事件处理(处理所引发的特定事件)→清除(Page_Unload())，每一个阶段会触发不同的事件，阶段后面的括号内容就是该阶段触发的事件。由此我们知道服务器每次执行页面代码的过程就是：Page_Init()→Page_Load→Validate 函数→引起页面回发的具体事件(如 Button 的 Click 事件等)→Page_Unload()。如果不考虑具体的页面执行，我们可以看出，页面每次处理时，都要执行页面的 Init、Load、Unload 事件。

HTML 服务器控件比 Web 服务器控件更为灵活，但其功能较少。Web 服务器控件比 HTML 服务器控件具有更多功能，并且能在可视化设计环境中更加有效地对其进行编程。

如果用户不需要控件具有过多功能，则应使用 HTML 服务器控件。如果需要在 HTML 或 ASP 开发的早期应用程序中导入 ASP.NET 应用程序，尤其应使用此类控件。通过添加 runat 和 ID 属性可以轻松转换 HTML 标签，同时还可以从代码隐藏文件中使用客户端脚本在客户端处理 ASP.NET 页面，也可以使用此类控件。

如果需要为控件进行大量编程才能使用其功能并操作其中的数据时，则应使用 Web

服务器控件。例如，Web TextBox 控件中，字体、背景色和前景色可以通过设置属性来更改。但在 HTML TextBox 控件中，没有可以直接用来设置颜色或字体的属性。此外，Web 服务器控件支持的控件类型也要比 HTML 服务器控件多得多。例如，Web 服务器控件中使用了大量验证控件来验证数据。Web 服务器控件拥有更加完善的功能来处理存储在数据库中的数据。为此可以使用 GridView 和 DataList 控件。如果 Web 窗体需要 Adrotator 或 Calendar 控件，则可以有 Web 服务器控件提供。Web 服务器控件能够自动检测浏览器的特殊性能，且可以用在使用多种浏览器的环境中。此外，如果要在服务器上处理所有数据，也可以使用 Web 服务器控件。

3.4 基本控件的使用

3.4.1 HiddenField 控件

HiddenField 控件主要用于存储非显示值的隐藏字段，该控件能够将需要隐藏的数据保存在 Value 属性中，并且向服务器端发送 Value 属性值。多数情况下，HiddenField 控件中存储的是页面状态数据，其将数据存储在<input type="hidden"/>的 value 属性中。

通常情况下，Web 窗体页的状态由视图状态、会话状态和 cookie 来维持。但是，如果这些方法被禁用或不可用，则可以使用 HiddenField 控件来存储状态值。需要注意的是，在 HiddenField 控件中存储的内容必须是对安全性要求不高的非敏感性数据。因为，用户可以通过查看 HTML 源代码，找到 HiddenField 控件(其呈现为<input type="hidden"/>)，进而找到 HiddenField 中保存的 Value 值。这种机制使得不能用 HiddenField 控件保存敏感信息。

若要指定 HiddenField 控件的值，请使用 Value 属性。

下面示例 Example3_1 演示使用 HiddenField 来实现数据记录的导航效果。用一个 HiddenField 来存储记录总数，另一个来存储当前是第几条记录。

```
<%@ Page Language="C#" AutoEventWireup="true"
    CodeFile="CurPage.aspx.cs" Inherits="CurPage" %>

<!DOCTYPE html PUBLIC "-//W3C//DTD XHTML 1.0 Transitional//EN"
        "http://www.w3.org/TR/xhtml1/DTD/xhtml1-transitional.dtd">
<html xmlns="http://www.w3.org/1999/xhtml">
<head runat="server">
    <title>分页</title>
</head>
<body>
    <form id="form1" runat="server">
    <div>
        <h3>    HiddenField 示例：</h3>
        <p>
            <asp:HiddenField ID="hfldTotal" runat="server" />
```

```
            <asp:HiddenField ID="hfldCur" runat="server" />
            <asp:Button ID="btnFirst" runat="server"
                OnClick="btnFirst_Click" Text="第一条" />
            <asp:Button ID="btnPre" runat="server"
                OnClick="btnPre_Click" Text="前一条" />
            <asp:Button ID="btnNext" runat="server" Text="后一条"
                OnClick="btnNext_Click" />
            <asp:Button ID="btnLast" runat="server" Text="最后一条"
                OnClick="btnLast_Click" />
        </p>
        <asp:Literal ID="ltrCur" runat="server"></asp:Literal>
    </div>
    </form>
</body>
</html>
```

代码隐藏文件 CurPage.aspx.cs 的代码如下：

```
public partial class CurPage : System.Web.UI.Page
{
    protected void Page_Load(object sender, EventArgs e)
    {
        if (!Page.IsPostBack)
        {
            //从数据库读取总记录数
            this.hfldTotal.Value = "30";
            SetInfo("1");
        }
    }
    protected void btnFirst_Click(object sender, EventArgs e)
    {
        SetInfo("1");
    }
    protected void btnPre_Click(object sender, EventArgs e)
    {
        int cur = Convert.ToInt32(this.hfldCur.Value);
        if (cur > 1)
            cur--;
        SetInfo(cur.ToString());
    }
    protected void btnNext_Click(object sender, EventArgs e)
    {
        int cur = Convert.ToInt32(this.hfldCur.Value);
        int total = Convert.ToInt32(this.hfldTotal.Value);
        if (cur < total)
            cur++;
        SetInfo(cur.ToString());
    }
```

```
protected void btnLast_Click(object sender, EventArgs e)
{
    SetInfo(this.hfldTotal.Value);
}
//设置并显示当前是第几条记录
private void SetInfo(string cur)
{
    this.hfldCur.Value = cur;
    this.ltrCur.Text = string.Format(
        "<script>alert('当前是第{0}条记录');</script>", cur);
}
}
```

HiddenField 控件的示例输出结果如图 3-1 所示。

图 3-1

3.4.2 HyperLink 控件

HyperLink 控件可以使一个 ASP.NET 页面链接到另一个页面，该控件还可以将文本或图像显示为链接。表 3-1 列出了此控件的常用属性。

表 3-1 HyperLink 控件的属性

属　　性	说　　明
Text	一段简短的描述性文本，用于指定链接的用途
Target	链接的目标窗口/框架
NavigateUrl	单击链接时用户即将链接到的页面网址或 URL
ImageUrl	指定用于链接的图像 URL

HyperLink 控件主要用于定位至其他网页，并不公开任何事件。

下面的示例 Example3_2 显示了按钮控件的相关功能，其中使用了 Button、LinkButton 和 ImageButton 控件，每个按钮实现了相同的功能，使用 javascript 脚本弹出对话框。代码如下所示：

```
<%@ Page Language="C#" AutoEventWireup="true"
    CodeFile="Default.aspx.cs" Inherits="_Default" %>
```

```
<!DOCTYPE html PUBLIC "-//W3C//DTD XHTML 1.0 Transitional//EN"
           "http://www.w3.org/TR/xhtml1/DTD/xhtml1-transitional.dtd">

<html xmlns="http://www.w3.org/1999/xhtml" >
<head id="Head1" runat="server">
    <title>按钮控件</title>
</head>
<body>
    <form id="form1" runat="server">
    <div>
        <h1>按钮控件</h1>
        <asp:HyperLink ID="HyperLink1" NavigateUrl="~/Default2.aspx"
            runat="server">单击跳转到目标页</asp:HyperLink>
        <asp:ImageButton ID="imgLink" runat="server"
            AlternateText="Link to Target Page"
            ImageUrl="~/Demo.jpg"
            OnClick="imgLink_Click" Height="69px" Width="201px" />
        <asp:LinkButton ID="lnkLink" runat="server"
            Font-Name="Comic Sans MS Bold"
            Font-Size="16pt"
            OnClick="btnLink_Click">
            LinkButton 到目标页
        </asp:LinkButton>
    </div>
    </form>
</body>
</html>
```

.aspx 界面如图 3-2 所示。

图 3-2

后台代码如下所示：

```
protected void btnLink_Click(object sender, EventArgs e)
{
        this.ltrInfo.Text = "<script>alert('LinkButton 是一个看似超链接的按钮！');</script>";
}
protected void imgLink_Click(object sender, ImageClickEventArgs e)
{
        this.ltrInfo.Text = "<script>alert('ImageButton 就是图像提交按钮！');</script>";
}
```

3.4.3 CheckBoxList 控件

CheckBoxList 为复选框控件，该控件可以设置多个选项的复选框组。如果控件具有多个子选项，可以通过 ListItem 来创建，创建子选项的方法如下所示：

```
<asp:CheckBoxList ID="CheckBoxList1" runat="server">
         <asp:ListItem>选项 1</asp:ListItem>
         <asp:ListItem>选项 2</asp:ListItem>
         <asp:ListItem>选项 3</asp:ListItem>
</asp:CheckBoxList>
```

每个选项都被赋予了一定的索引值，第一个选项的索引值为 0，以后的每一个选项索引值依次加 1。如果要判断第二个选项是否被选中时，可以使用下面的代码：

```
if(this.MySelects.Items[1].Selected == true)
```

或

```
if(this.MySelects.SelectedIndex == 1)
```

由代码可以看到，验证 CheckBoxList 选项是否被选中的属性与 CheckBox 不同。CheckBox 中使用 Checked，而 CheckBoxList 选项使用 Selected 属性或 SelectedIndex 属性来判断。CheckBoxList 控件的常用属性如表 3-2 所示。

表 3-2 CheckBoxList 常用属性

属 性	说 明
AutoPostBack	当选定内容更改后，自动回发到服务器
RepeatColumns	获取或设置 CheckBoxList 中显示的列数
RepeatDirection	获取或设置 CheckBoxList 中各个选项的排列顺序
Items	列表中项的集合
TextAlign	获取或设置与 CheckBoxList 关联文本的对齐方式

下面举例来演示 CheckBoxList 控件的使用方法，具体步骤如下。

(1) 打开 VS 2008，新建网站 Example3_3，在页面设计界面中添加 CheckBoxList 控件。选中控件，单击出现的智能提示，选择"编辑项…"，如图 3-3 所示。

(2) 在出现的"ListItem 集合编辑器"对话框中，做如图 3-4 所示的设置。

(3) CheckBoxList 控件添加完成后，在页中添加一个 Label 控件，并为其写入内容。因为 CheckBoxList 控件的 AutoPostBack 属性的值为 false，所以 CheckBoxList 控件无法向服务器发送信息，这里添加一个按钮控件，实现选项的提交。完成的设计界面如图 3-5 所示。

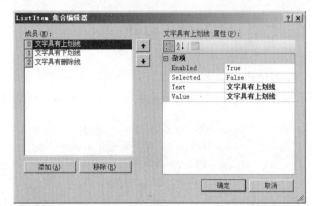

图 3-3   图 3-4

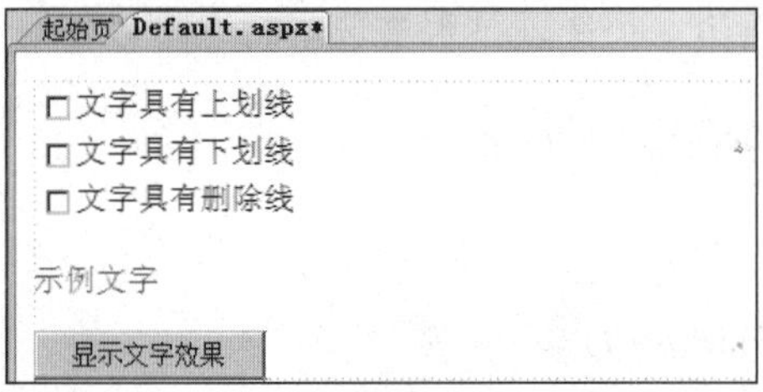

图 3-5

(4) 本例完整的页面设计代码如下所示。

```
<html xmlns="http://www.w3.org/1999/xhtml">
<head runat="server">
    <title>CheckBoxList 事例</title>
</head>
<body>
    <form id="form1" runat="server">
    <div>
        <asp:CheckBoxList ID="MySelects" runat="server">
            <asp:ListItem>文字具有上划线</asp:ListItem>
            <asp:ListItem>文字具有下划线</asp:ListItem>
            <asp:ListItem>文字具有删除线</asp:ListItem>
        </asp:CheckBoxList>
        <br />
        <asp:Label ID="lblInfo" runat="server" Text="示例文字"
            ForeColor="Red"></asp:Label>
        <br /><p>
        <asp:Button ID="btnOk" runat="server" Text="显示文字效果"
            onclick="btnOk_Click" /></p>
    </div>
    </form>
</body>
</html>
```

(5) 按钮"显示文字效果"的单击事件代码,如下所示。

```
protected void btnOk_Click(object sender, EventArgs e)
{
    //遍历 CheckBoxList 的所有项
    for (int i = 0; i < this.MySelects.Items.Count; i++)
    {
        //保存当前项的选择结果
        bool flag = this.MySelects.Items[i].Selected;
        switch (i)
        {
            case 0:
                this.lblInfo.Font.Overline = flag; ;
                break;
            case 1:
                this.lblInfo.Font.Underline = flag;
                break;
            case 2:
                this.lblInfo.Font.Strikeout = flag;
                break;
        }
    }
}
```

(6) 保存程序,调试运行。页面中显示了各种控件,用户可启用相应复选框并单击按钮,效果如图 3-6 所示。

图 3-6

3.4.4 RadioButtonList 控件

RadioButtonList 控件与 CheckBoxList 控件具有众多相似之处,只不过 CheckBoxList 是复选而 RadioButtonList 是单选。它们都可以使用 Items 属性来设置子选项;每个子选项都具有索引值,索引开始值都为 0;使用 Selected 属性来判断子选项是否被选中;RadioButtonList 控件与 CheckBoxList 控件也具有相似属性,如表 3-3 所示。

表 3-3　RadioButtonList 控件的常用属性

属　性	说　明
AutoPostBack	当选定内容更改后，自动回发到服务器
RepeatDirection	获取或设置 RadioButtonList 控件子选项的排列方向
RepeatColumns	获取或设置要在 RadioButtonList 控件中显示的列数
RepeatLayout	获取或设置单选按钮的布局
Items	列表中项的集合
TextAlign	获取或设置与控件相关联文本的对齐方式

在前面讲述 CheckBoxList 控件时举了一个例子，用于显示文字的上划线、下划线和删除线效果。这里我们使用 RadioButtonList 控件来创建一组单选框，来显示这些效果。页面的布局设计与 CheckBoxList 控件示例相同，完整的 HTML 代码如下所示：

```
<html xmlns="http://www.w3.org/1999/xhtml">
<head runat="server">
    <title>RadioButtonList</title>
</head>
<body>
    <form id="form1" runat="server">
    <div style="font-size:x-large">
     RadionButtonList 控件示例演示</div></br>选择下面一种你期望显示的类型：
<div>
        <asp:RadioButtonList ID="MySelects" runat="server">
            <asp:ListItem Value="0" Selected="True">文字具有上划线
            </asp:ListItem>
            <asp:ListItem Value="1">文字具有下划线</asp:ListItem>
            <asp:ListItem Value="2">文字具有删除线</asp:ListItem>
        </asp:RadioButtonList>
</div>
<p>
        <asp:Label ID="lblInfo" runat="server" ForeColor="Red"
            Text="示例文字"></asp:Label>
</p>
<asp:Button ID="btnOk" runat="server" Text="显示文字效果"
        onclick="btnOk_Click" />
    </form>
</body>
</html>
```

按钮"显示文字效果"的单击事件，代码如下：

```
protected void btnOk_Click(object sender, EventArgs e)
{
    string v = this.MySelects.SelectedValue;
    switch (Convert.ToInt32(v))
```

```
        {
            case 0:
                this.lblInfo.Font.Overline = true;
                break;
            case 1:
                this.lblInfo.Font.Underline = true;
                break;
            case 2:
                this.lblInfo.Font.Strikeout = true;
                break;
        }
    }
```

保存程序,调试运行。在显示结果的页面中,我们可以选择某一种效果作用在"示例文字"上,效果如图 3-7 所示。

图 3-7

3.4.5 DropDownList 控件

此控件是允许用户从下拉列表中选择一个选项的控件,表 3-4 中列出了此控件常用的属性和事件。

表 3-4 DropDownList 控件的属性和事件

属 性	说 明
AppendDataBound	设计时已经添加了选项,再做数据绑定时产生的选项是追加还是替换已有的选项,为 true 则是追加,为 false 则是替换
AutoPostBack	选择一个列表项时 DropDownList 控件状态是否发回到服务器的值(True/False)
DataMember	获取或设置数据源中的特定表格以绑定到该控件
DataSource	获取或设置填充列表控件的组成项的数据源
DataTextField	获取或设置提供列表项文本内容的数源的字段
DataTextFormatString	获取或设置用于控制如何显示绑定到列表控件的数据的格式字符串
DataValueField	获取或设置提供列表项文本内容的数据源的字段
Items	获取或者设置选项的值

(续表)

事 件	说 明
SelectedIndexChanged	当从列表控件选择的内容在发布到服务器的操作之间发生变化时发生

我们平时上网时,在一些网站上经常会注册一些个人信息,通常情况下会让我们选择所在的省/市信息,当我们选择相应的省份时,对应的市信息就会出现在下拉框中,方便用户的选择。下面我们就通过示例来模仿一下这种功能的实现。具体操作步骤如下:

(1) 打开 VS 2008,新建网站 Example3_4。

(2) 在 Default.aspx 页面上拖放控件,控件属性设置如表 3-5 所示。

表 3-5 控件属性设置

控件类型	属 性	属性值
DropDownList	Name	ddlProvince
	AutoPostBack	True
DropDownList	Name	ddlCity
	AutoPostBack	False
	AppendDataBound	False

(3) 界面设计如图 3-8 所示。

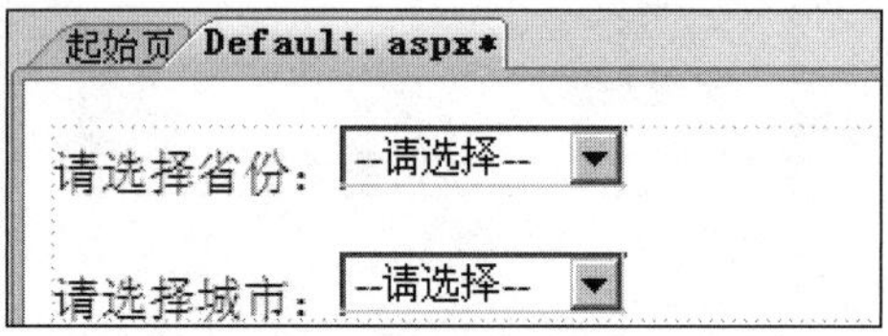

图 3-8

(4) 为了完成省/市信息的数据绑定,我们需要设置 DataSource、DataTextField、DataValueField 的值,大家回忆一下我们学习 WinForms 中的 ComboBox 控件、DataGridView 控件,它们的数据绑定是不是也有类似的几个属性?为了实现数据的绑定,我们首先写一个数据访问类 DbAccess,完整代码如下:

```
/// <summary>
///DbAccess 的摘要说明
/// </summary>
public class DbAccess
{
    //连接字符串
    private static string ConnStr = @"server=.;database=Test;integrated security=true";

    /// <summary>
    /// 得到所有的省份
    /// </summary>
```

```csharp
/// <returns>省份信息数据集</returns>
public static DataSet GetAllProvince()
{
    SqlConnection conn = new SqlConnection(ConnStr);
    SqlDataAdapter da = new SqlDataAdapter("select * from info
        where parentid=0", conn);
    DataSet ds = new DataSet();
    da.Fill(ds);
    return ds;
}

/// <summary>
/// 根据省份编号得到相应的城市
/// </summary>
/// <param name="provinceId">省份编号</param>
/// <returns>对应城市数据集</returns>
public static DataSet GetCitysByProvince(string provinceId)
{
    SqlConnection conn = new SqlConnection(ConnStr);
    SqlDataAdapter da = new SqlDataAdapter("select * from info
        where parentid=" + provinceId, conn);
    DataSet ds = new DataSet();
    da.Fill(ds);
    return ds;
}
}
```

(5) 在 Default.aspx.cs 中添加入数据绑定的业务逻辑，完整代码如下。

```csharp
public partial class _Default : System.Web.UI.Page
{
    protected void Page_Load(object sender, EventArgs e)
    {
        if (!this.IsPostBack)
        {
            BindData();
        }
    }

    /// <summary>
    /// 绑定所有省份信息
    /// </summary>
    public void BindData()
    {
        DataSet ds = DbAccess.GetAllProvince();
        this.ddlProvince.DataSource = ds;
        this.ddlProvince.DataTextField = "name";
        this.ddlProvince.DataValueField = "id";
```

```
                this.ddlProvince.DataBind();
        }

        /// <summary>
        /// 当选择一个省份时，触发事件调用方法
        /// </summary>
        /// <param name="sender"></param>
        /// <param name="e"></param>
        protected void ddlProvince_SelectedIndexChanged(object sender, EventArgs e)
        {
                string provinceId = this.ddlProvince.SelectedValue;

                #region 根据省份编号查找对应的城市,绑定到城市列表中
                DataSet ds = DbAccess.GetCitysByProvince(provinceId);
                this.ddlCity.DataSource = ds;
                this.ddlCity.DataTextField = "name";
                this.ddlCity.DataValueField = "id";
                this.ddlCity.DataBind();
                #endregion

        }
    }
```

3.4.6 FileUpload 控件

在 ASP.NET 中，有一个用于上传文件的 FileUpload 控件，使用起来非常方便。该控件可以让用户更容易地浏览和选择用于上传的文件，它包含一个浏览按钮和用于输入文件名的文本框。只要用户在文本框中输入了完全限定的文件名，无论是直接输入或通过浏览按钮选择，都可以调用 FileUpload 的 SaveAs() 方法保存到磁盘上。

FileUpload 控件的常用属性，如表 3-6 所示。

表 3-6 FileUpload 控件的常用属性

属　性	说　　明
FileContent	返回一个指向上传文件的流对象
FileName	返回要上传文件的名称，不包含路径信息
HasFile	如是该控件有文件要上传，值为 true；如果要上传的文件大小为 0，则该属性值为 false
PostedFile	返回已经上传文件的引用

下面的事例 Example3_5 演示了如何上传图片到服务器并使用 Image 控件显示出来。完整代码如下：

```
protected void btnUp_Click(object sender, EventArgs e)
{
```

```
if (this.fupPic.HasFile)
{
    string fileName = this.fupPic.FileName;
    if (fileName.EndsWith(".jpg") || fileName.EndsWith(".jpeg"))
    {
        string strPath = Server.MapPath(@"~\upload\" + fileName);
        //上传图片到服务器的 upload 文件夹下
        this.fupPic.SaveAs(strPath);
        //把图片显示出来
        this.imgPic.ImageUrl = "~/upload/" + fileName;
    }
    else
    {
        this.ClientScript.RegisterStartupScript(this.GetType(),
            "uploaderr", "alert('文件类型错误！')", true);
    }
}
```

运行结果如图 3-9 所示。

图 3-9

在之前的示例中我们使用 Literal 控件来弹出 JavaScript 对话框，其实 ASP.NET 本身提供了客户端脚本管理器 ClientScriptManager 来管理网页中的 JavaScript 脚本，该类的 RegisterStartupScript 方法把 JavaScript 脚本添加到表单元素之后，该类的 RegisterClientScriptBlock 方法把 JavaScript 脚本添加到表单元素之前。

3.5 验证控件

有时候因为程序员的描述不清楚，导致用户经常会录入一些错误信息，比如在录入密码的时候不小心录入错误，或者在添加日期时，有的用户录入 1990-10-11，有的写成 10/11/1990，而有的用户写成 11/10/1990 等。为了避免产生不必要的麻烦，有必要当用户录入的时候在客户端就避免一些常见的错误。在以前的编程中，一般是由程序员编写客户端 JavaScript 代码来验证，在 ASP.NET 中封装了部分常用的验证控件来验证。这样，当要求用户必须输入姓名的时候就可以用一个 RequiredFieldValidator 控件来验证。表 3-7 列出了 ASP.NET 框架中嵌入的验证控件。

提示
一个 Web 服务器控件可与多个输入验证控件相关联。例如，一个文本框 Web 服务器控件可同时与 RequiredFieldValidator 和 CompaerValidator 验证控件关联。

表 3-7 ASP.NET 中的验证控件

验证控件	功　能
RequireFieldValidator	验证用户是否在必填项中输入了信息
CompareValidator	将在一个输入控件中输入的值与另一个输入控件中的值或一个固定的值进行比较
RangeValidator	检查输入的值是否位于范围内，即输入的值是否介于已经确定的最大值与最小值之间
RegularExpressionValidator	此控件用于检查输入的值是否与正则表达式定义的类型相匹配
CustomValidator	开发人员可使用此控件为自定义的条件编写验证代码
ValidationSummary	此控件用于显示页面上所有验证控件生成的信息

3.5.1 RequiredFieldValidator 控件

RequireFieldValidator 控件用在 Web 窗体中，旨在检查任何特定控件中是否录入数据。如果控件中不含任何值，则将显示程序员设定的错误消息。此控件通常与 TextBox 控件一起使用。表 3-8 列出了 RequiredFieldValidator 控件的常用属性和方法。

表 3-8 RequiredFieldValidator 控件的属性和方法

属　性	说　明
ControlToValidate	用于指定将要检查其值的控件，它具有该控件的 ID 值
ErrorMessage	用于指定在窗体中同时使用 ValidationSummary 控件与 RequierdFieldValidator 控件时前者中显示的错误信息。如果未设置文本属性，则此属性将用于显示窗体中的错误
Text	指定验证控件缺少值后显示的错误消息文本，一般用 "*" 或者其他符号表明用户在哪个控件处没有录入数据
Display	验证控件的显示方式，Dynamic 表示需要时才显示
方　法	说　明
Validate()	此方法用于执行验证。它将根据验证的成功情况将 IsValid 属性更改为 True 或 False

3.5.2 CompareValidator 控件

CompareValidator 控件用于将用户在一个窗体字段中输入的值与其他字段中的另一个值或任何其他固定的值进行比较。所输入任何类型的数据(即字符、数字或日期类型的数据)均可相互比较。CompareValidator 控件的属性和方法如表 3-9 所示。

表 3-9 CompareValidator 控件的属性和方法

属 性	说 明
ControlToCompare	指定用来比较值的控件的 ID
ControlToValidate	指定将要验证的控件的 ID
ErrorMessage	在页面中使用 ValidationSummary 控件时显示错误消息
Text	用于指定验证控件后出现错误时将会显示的错误信息
Operator	要执行的操作，Equal 表示比较是否相等，DataTypeCheck 表示做数据类型检查
Type	做比较时的数据类型
ValueToCompare	指定与所验证控件中的值相比较的值
方 法	说 明
Validate()	执行验证，它将根据验证的成功情况将 IsValid 属性更改为 True 或 False

CompareValidator 控件用于做出各种比较。例如，它可以用来检查用户输入的年龄是否大于 100 或者小于 5，或完工日期是否迟于开工日期。它还可以用来检查所输入值的数据类型，即用户是否以适当的日期格式输入出生日期，或得分是否为有效数值。

3.5.3 RangeValidator 控件

RangeValidator 控件用于检查用户在窗体字段中输入的值是否介于最小值与最大值之间。它可以用来比较日期、号码、币值或字符串。例如，它可以用来检查用户输入的薪水是否介于 2000 与 5000 之间。或输入的出生日期是否介于 01/01/2005 之间。RangeValidator 控件的属性如表 3-10 所示。

表 3-10 RangeValidator 控件的属性

属 性	说 明
ControlToValidate	指定将要检查其值的控件，它具有该控件的 ID 值
ErrorMessage	指定在页面中使用 ValidationSummary 控件时该控件中显示的错误消息
MaximumValue	指定容许为此控件设置的最大值
MinimumValue	指定容许为此控件设置的最小值
Type	设置控件所验证的数据类型

3.5.4 RegularExpressionValidator 控件

由于提供的控件有限，同时现实中我们需要验证的类型是不定的，如要求用户的姓名必须是简体中文，有限的控件解决不了更多的问题，因此需要灵活的方式来控制。正则表达式控件就是这种可以根据需要灵活设置的控件。

RegularExpressionValidator 可用于检查用户是否输入了正则表达式，如有效的电子邮件地址、电话号码、用户名或密码。正则表达式用于进行简单和复杂的类型匹配。为了更好地理解这一点，可以思考以下示例：正则表达式 se[ea]可与 see 或 sea 匹配、正则表达式[1-9]可以与 1 到 9 之间的任意数字匹配，而[A-Z]则可以与 A 到 Z 之间的任意字母匹配。

RegularExpressionValidator 控件使用正则表达式验证窗体中的数据。正则表达式可以使用文字文本逐字匹配，也可以使用元字符与复杂的字符序列相匹配。

一个正则表达式中可以使用多个字符。例如，表示月和年的[0-1][0-8]/[0-1][0-1]将与日期类型 12/05 相匹配，而与 22/05 或 08/20 则不相匹配。

使用正则表达式控件的关键是如何写出正则表达式，为了清楚理解各个符号的含义，表 3-11 列出了可在正则表达式中使用的符号的含义。

表 3-11 正则表达式中使用的符号

字 符	说 明
\	将下一字符标记为特殊字符、文本、反向引用或八进制转义符
^	匹配输入字符串开始的位置
$	匹配输入字符串结尾的位置
*	零次或多次匹配前面的字符或子表达式
+	一次或多次匹配前面的字符或子表达式
?	零次或一次匹配前面的字符或子表达式
{n}	n 是非负整数，正好匹配 n 次
{n,}	n 是非负整数，至少匹配 n 次
{n, m}	m 和 n 是非负整数，其中 n≤m。至少匹配 n 次，至多匹配 m 次
.	匹配除"\n"之外的任何单个字符。若要匹配包括"\n"在内的任意字符，请使用诸如"[\s\S]"之类的模式
(x|y)	与 x 或 y 匹配
[xyz]	字符集，匹配包含的任一字符
[^xyz]	反向字符集，匹配未包含任何字符
[a-z]	字符范围，匹配指定范围内的任何字符
[^a-z]	反向范围字符，匹配不在指定的范围内的任何字符
/b	匹配一个字边界，即字与空格间的位置

(续表)

字 符	说 明
\B	非字边界匹配,"er\B"匹配"verd"中的"er",但不匹配"never"中的"er"
\cx	匹配由 x 指示的控制字符
\d	数字字符匹配,等效与[0-9]
\D	非数字字符匹配,等效与[^0-9]
\f	换页符匹配,等效与\x0c\cL
\n	换行符匹配,等效与\x0d 和\cJ
\r	匹配一个回车符,等效于\x0d 和\cM
\s	匹配任何空白字符,包括空格、字符表、换页符等。与[\f\n\r\t\v]等效
\S	匹配任何非空白字符,等效于[^\f\n\r\t\v]
\t	制表符匹配,与\x09 和\cI 等效
\v	垂直制表符匹配,与\x0b 和\ck 等效
\w	匹配任何字类字符,包括下画线。与"[^A-Za-z0-9_]"等效
\W	任何非字符匹配,与"[^A-Za-z0-9_]"等效
\xn	匹配 n,此处的 n 是一个十六进制转义码,十六进制转义码必须正好是两位数长
\num	匹配 num,此处 num 是一个正整数,到捕获匹配的反向引用
\n	标识一个八进制转义码或反向引用,如果\n 前面至少有个 n 个捕获子表达式,那么 n 是反向引用,否则,如果 n 是八进制数(0-7),那么 n 是八进制转义码
\un	匹配 n,其中 n 是以四位十六进制数表示的 Unicode 字符

表 3-12 列出了 RegularExpressionValidator 控件的属性和方法。

表 3-12 RegularExpressionValidator 控件的属性和方法

属 性	说 明
ControlToValidate	用于指定将要检查其值的控件。它具有该控件的 ID 值
ErrorMessage	用于指定在页面中使用 ValidationSummary 控件时该控件中显示的错误信息
Text	此属性用于指定验证控件后出现错误时将会显示的错误信息
ValidationExpression	次属性指定用于检查用户所输入值的正则表达式。输入的值应与正则表达式匹配
方 法	说 明
Validate()	此方法用于执行验证,它将根据验证的成功情况将 IsValid 属性更改为 True 或 False

下面用一个综合示例来演示以上 4 个验证控件的用法。

(1) 打开 VS 2008,新建一个网站 Example3_6,并将默认窗体重命名为 RegNewUser.aspx。

(2) 设计窗体如图 3-10 所示。

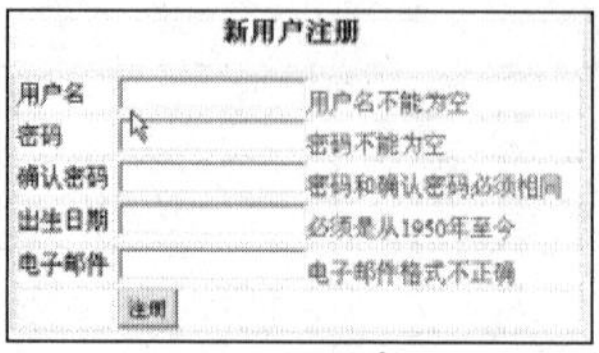

RegNewUser.aspx 文件的代码如下所示:

图 3-10

```
<form id="form1" runat="server">
<div>
    <center>
        <h3>
            新用户注册</h3>
    </center>
</div>
<table class="style1">
    <tr>
        <td>
            用户名
        </td>
        <td>
            <asp:TextBox ID="txtName" runat="server"></asp:TextBox>
            <asp:RequiredFieldValidator ID="rvName" runat="server"
                ControlToValidate="txtName"  Display="Dynamic"
                ErrorMessage="用户名不能为空">
            </asp:RequiredFieldValidator>
        </td>
    </tr>
    <tr>
        <td>
            密码
        </td>
        <td>
            <asp:TextBox ID="txtPwd" runat="server"
                TextMode="Password" ></asp:TextBox>
            <asp:RequiredFieldValidator ID="RequiredFieldValidator1"
                runat="server" ControlToValidate="txtPwd"
                Display="Dynamic" ErrorMessage="密码不能为空">
            </asp:RequiredFieldValidator>
        </td>
    </tr>
    <tr>
        <td>
            确认密码
        </td>
        <td>
            <asp:TextBox ID="txtPwd2" runat="server"
                TextMode="Password" ></asp:TextBox>
```

```
            <asp:CompareValidator ID="CompareValidator1"
                runat="server" ControlToCompare="txtPwd"
                ControlToValidate="txtPwd2" Display="Dynamic"
                ErrorMessage="密码和确认密码必须相同">
            </asp:CompareValidator>
        </td>
    </tr>
    <tr>
        <td>
            出生日期
        </td>
        <td>
            <asp:TextBox ID="txtBirth" runat="server"></asp:TextBox>
            <asp:RangeValidator ID="rvBirth" runat="server"
                ControlToValidate="txtBirth" Display="Dynamic"
                ErrorMessage="必须是从 1950 年至今"
                MinimumValue="1950-1-1" Type="Date">
            </asp:RangeValidator>
        </td>
    </tr>
    <tr>
        <td>
            电子邮件
        </td>
        <td>
            <asp:TextBox ID="txtEmail" runat="server"></asp:TextBox>
            <asp:RegularExpressionValidator
                ID="RegularExpressionValidator1" runat="server"
                ControlToValidate="txtEmail" Display="Dynamic"
                ErrorMessage="电子邮件格式不正确"
                ValidationExpression=
                    "\w+([-+.']\w+)*@\w+([-.]\w+)*\.\w+([-.]\w+)*">
            </asp:RegularExpressionValidator>
        </td>
    </tr>
    <tr>
        <td>
             
        </td>
        <td>
            <asp:Button ID="btnReg" runat="server" Text="注册" />
        </td>
    </tr>
</table>
</form>
```

由于需要验证出生日期不能大于当前日期,所以需要在服务器端设置 rvBirth 的

MaximumValue 属性为当前日期。

```
protected void Page_Load(object sender, EventArgs e)
{
    rvBirth.MaximumValue = DateTime.Today.ToShortDateString();
}
```

这些验证控件在浏览器支持的情况下都是在客户端验证，验证通过才会提交表单，验证不通过就会显示错误消息，如图 3-11 所示。

图 3-11

3.5.5 CustomValidator 控件

CustomValidator 控件用来根据用户指定的若干标准对控件进行验证，而使用前面讨论的标准验证控件可能无法执行此类验证。例如，要检查存储在数据库中的值，就可以使用 CustomValidator 控件。要使用 CustomValidator 控件，开发人员必须编写一个子程序，用以执行必要的验证。CustomValidator 控件的属性、方法和事件如表 3-13 所示。

表 3-13 CustomValidator 的属性、方法和事件

属　性	说　明
ControlToValidate	用于指定将要检查其值的控件，它具有该控件的 ID 值
Enabled	启用或禁用窗体的客户端和服务器端验证，默认值是 True
ErrorMessage	用于指定在窗体中使用 ValidationSummary 控件时该控件中显示的错误信息
IsValid	检查验证检查是否已经成功，如果已经成功，则将具有值 True，否则将具有值 False
Text	指定验证控件后出现错误时将会显示的错误信息
ValidationExpression	此属性指定用于检查用户所输入值的正则表达式。输入的值应与正则表达式匹配
方　法	说　明
Validate()	执行验证。它将根据验证的成功情况将 IsValid 属性更改为 True 或 False
事　件	说　明
ServerValidate	使用专用功能执行服务器端验证

接下来演示 CustomValidator 控件的用法。

修改上例代码，注册新用户时用户名不能重复，因此要在服务器端做验证。在窗体中放入一个 CustomValidator 控件，用以验证新用户名在数据库中是否已经存在。代码如下：

```
<asp:CustomValidator ID="cvName" runat="server"
  ControlToValidate="txtName"
      Display="Dynamic" ErrorMessage="用户名已经存在"
      onservervalidate="cvName_ServerValidate">
</asp:CustomValidator>
```

双击 CustomValidator 控件后，在代码隐藏文件中打开该控件的 ServerValidate 事件。在此事件中为验证控件写代码。如果用户名不存在，就不会出现错误，否则就会出错。

相关事件的代码如下所示：

```
protected void cvName_ServerValidate(object source,
                ServerValidateEventArgs args)
{
    string username = args.Value;
    //进行数据库查询，如果 username 不存在，则把参数 args 的 IsValid 属性设为 true
    if (...)
        args.IsValid = true;
    else
        args.IsValid = false;
}
protected void btnReg_Click(object sender, EventArgs e)
{
    if (Page.IsValid)
    {
        //把新用户添加到数据库
    }
}
```

图 3-12 显示此窗体如何根据 CustomValidatoe 控件的 ServerValidate 事件中的代码验证用户输入的数据。

图 3-12

3.5.6 ValidationSummary 控件

ValidationSummary 控件(表 3-14)用于显示窗体中各种验证控件生成的所有错误的汇总。此摘要可显示在窗体的任意部分，一般情况下显示在窗体的顶端。例如，某窗体中含有 20 个字段，每个字段都有一个或多个验证控件与之关联。这些验证控件将生成大量的错误信息。ValidationSummary 控件显示的错误摘要简化了跟踪和解决错误的工作。

表 3-14 ValidationSummary 控件的属性

属 性	说 明
DisplayMode	此属性用于指定将以摘要形式显示错误消息的方式。它将为下列任意一种方式：BulletList、SingleParagraph
Enabled	用于启用或禁用窗体中的客户端和服务器端验证。默认值为 True
ShowMessageBox	此属性用于激活弹出式消息框，以便显示窗体中的错误。为此必须将其设置为 True，若为 False 则在页面列出错误点

下面的示例将演示 ValidationSummary 控件的用法。

修改上例，在窗体中添加一个 ValidationSummary 控件，将其 ShowMessageBox 属性设为 True，将 ShowSummary 属性设为 False。

此窗体的输出结果如图 3-13 所示。每个 RequiredFieldValidator 控件都将返回一则错误信息，而 ValidationSummary 控件在项目列表中列出这些错误消息，并将其单独显示在一个消息框中。

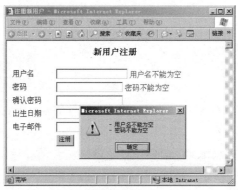

图 3-13

3.5.7 验证控件分组

假设某页面既可以实现用户注册功能，也可以实现用户登录功能，并且都做了适当的验证，很明显这两个功能的验证应该不能相互影响，此时可以通过设置验证控件和按钮都具有的一个属性 ValidationGroup 来实现。具有相同 ValidationGroup 的验证控件和按钮构成一个组，单击按钮时，只有和按钮具有相同 ValidationGroup 的验证控件才起作用。

3.5.8 Page.IsValid 属性

无论页面验证成功与否，Web 窗体页的 Page.IsValid 属性都将返回一个值。如果页面验证成功，则将具有值 True，否则将具有值 False。如果页面中的所有验证服务器控件均已成功进行验证，且任何控件均无引发错误，则 IsValid 属性将返回值 True。如果页面中的任何验证控件出现任何错误，则将返回值 False。

【单元小结】

- 在 ASP.NET 中，控件分成 HTML 服务器控件和 Web 服务器控件两种。
- 所有的 HTML 服务器控件都派生自 System.Web.UI.HtmlControls 命名空间。
- 所有的 ASP.NET Web 服务器控件都派生自 System.Web.UI.WebControls 命名空间。
- 使用 Web 服务器控件需要注意 AutoPostBack 的使用。
- 验证控件的使用。
- Page.IsValid 属性用于检查页面中的所有验证控件是否均已成功进行验证。

【单元自测】

1. 正确获取 RadioButtonList 中选中项的值的做法是(　　)。
   A. RadioButtonList.Items[i].Value　　B. RadioButtonList.Items[i].Text
   C. RadioButtonList.Text　　D. RadioButtonList.SelectedValue
2. 在 ASP.NET 中有一个显著的做法是要在 Page_Load 事件处理程序中编写这么一段代码：

```
if ( !Page.IsPostBack)
{
    …
}
```

要加上这段代码的原因是(　　)。
   A. 因为每次对页面的操作是将页面发送到服务器，解析之后返回给客户端，这段代码的目的是在解析之前显示的内容
   B. 对页面的初始化
   C. 这是因为对页面的操作都有一个 Page_Load 事件发生，加上这段代码表示第一次加载页面时的结果
   D. 无所谓，要不要这段代码都可以
3. 要充当 HTML 服务器控件，HTML 控件需要具有(　　)属性。
   A. Runat，Value　　B. Runat，Id　　C. Id，Value　　D. Runat，Method

4. 欲验证用户输入的值比规定的值大的控件有(　　)。
   A. RegularExpressionValidator　　　　B. CompareValidator
   C. RangeValidator　　　　　　　　　　D. RequiredFieldValidator
5. (　　)属性用来在 RegularExpressionValidator 控件中设置正则表达式。
   A. RegularExpression　　　　　　　　B. ValidationField
   C. ValidationExpression　　　　　　　D. Text

【上机实战】

上机目标

- 使用控件创建一个商品信息录入界面
- 将界面上录入的数据保存到数据库

上机练习

◆ 第一阶段 ◆

练习1：操作 Web 服务器控件

【问题描述】

eshop 电子商务网站需要一个录入商品信息的界面，该界面需要根据数据库来设计。数据库脚本如下。

```
create database eshop
go
use eshop
go

--商城表
create table store
(
storeID int identity(1,1) primary key,        --商城编号
storeName nvarchar(10) not null               --商城名称
)
go
--商城测试数据
insert into store values('图书商城')
insert into store values('影视商城')
insert into store values('音乐商城')
go
```

```sql
--商品类别表
create table typies
(
typeID int identity(1,1) primary key,           --类别编号
typeName nvarchar(10) not null,                 --类别名称
storeID int references store(storeID) not null  --所属商城编号，外键
)
go
--商品类别测试数据
insert into typies values('小说/传记',1)
insert into typies values('计算机/网络',1)
insert into typies values('漫画/幽默',1)
insert into typies values('外语学习',1)
insert into typies values('少儿读物',1)
insert into typies values('经济/金融',1)
insert into typies values('社会/科普',1)
insert into typies values('政治/法律',1)
insert into typies values('天文/地理',1)

insert into typies values('奥斯卡经典',2)
insert into typies values('国产影视',2)
insert into typies values('外语学习',2)
insert into typies values('欧美大片',2)
insert into typies values('日韩潮流',2)
insert into typies values('卡通动画',2)
insert into typies values('电视剧集',2)
insert into typies values('浪漫爱情',2)

insert into typies values('华语男歌手',3)
insert into typies values('华语女歌手',3)
insert into typies values('欧美男歌手',3)
insert into typies values('欧美女歌手',3)
insert into typies values('经典珍藏',3)
insert into typies values('古典极品',3)
insert into typies values('MP3 宝典',3)
insert into typies values('MTV 音乐电视',3)
go

--商品信息表
create table products
(
productID int identity(1,1) primary key ,  --商品编号
productName nvarchar(200),                 --商品名称
author nvarchar(255),                      --作者/供应商
isrecommend bit,                           --是否推荐
inPrice decimal(8,2),                      --商品的进价
```

```
    startPrice decimal(8,2),                --市场价(原价)
    salePrice decimal(8,2),                 --销售价(现价)
    img nvarchar(200),                      --商品图片文件名(不包含路径)
    description ntext,                      --商品描述
    storeID int,                            --所属商城编号
    typeID int references typies(typeID),   --所属类别编号,外键
    hits int default 0,                     --浏览次数(默认为 0)
    addTime datetime default getdate()      --商品上架时间
)
go
```

【问题分析】

商城、类别和商品之间存在外键关系，因此当商城改变时类别也需要发生变化。

【参考步骤】

(1) 创建网站 eshop，删除 Default.aspx，添加一个 ProductAdd.aspx。

(2) 设计窗体，最后效果如图 3-14 所示。

图 3-14

通过向 Web 窗体添加文本框、列表框、复选框、文件上传控件和按钮，设计如图 3-14 所示的页面，表 3-15 列出了控件及其设计的各种属性。

表 3-15 控件的属性

控件	属性	值
DropDownList	ID AutoPostBack	ddlStore True
DropDownList	ID	ddlType
TextBox	ID	txtName
TextBox	ID	txtAuthor
TextBox	ID	txtInPrice
TextBox	ID	txtStartPrice

(续表)

控 件	属 性	值
TextBox	ID	txtSalePrice
CheckBox	ID	chkRecommend
FileUpload	ID	fupImg
TextBox	ID TextMode	txtDesc MultiLine
Button	ID Text	btnAdd 添加商品
<input type="reset">	value	重新填写

(3) 将以下代码添加到 Page_Load 事件中。

```csharp
private string constr =
    ConfigurationManager.ConnectionStrings["eshopconstr"].
    ConnectionString;

protected void Page_Load(object sender, EventArgs e)
{
    //添加商城
    if (!Page.IsPostBack)
    {
        string sql = "select * from store";
        SqlDataAdapter sda = new SqlDataAdapter(sql, constr);
        DataTable dt = new DataTable();
        sda.Fill(dt);
        this.ddlStore.DataSource = dt.DefaultView;
        this.ddlStore.DataTextField = "storename";
        this.ddlStore.DataValueField = "storeid";
        this.ddlStore.DataBind();
        if (this.ddlStore.Items.Count > 0)
        {
            this.ddlStore.SelectedIndex = 0;
            ddlStore_SelectedIndexChanged(null, null);
        }
    }
}
```

(4) 商城改变时需要改变商品类型，所以需要使用 ddlStore 的 SelectedIndexChanged 事件。

```csharp
protected void ddlStore_SelectedIndexChanged(object sender,
            EventArgs e)
{
    //当商城改变时改变商品类别
    string sql = "select * from typies where storeid="+ this.ddlStore.SelectedValue;
```

```
            SqlDataAdapter sda = new SqlDataAdapter(sql, constr);
            DataTable dt = new DataTable();
            sda.Fill(dt);
            this.ddlType.DataSource = dt.DefaultView;
            this.ddlType.DataTextField = "typename";
            this.ddlType.DataValueField = "typeid";
            this.ddlType.DataBind();
        }
```

(5) 最后将以下代码添加到"添加商品"按钮的 Click 事件中。

```
protected void btnAdd_Click(object sender, EventArgs e)
{
    string imgname = "";
    if (this.fupImg.HasFile)
    {
        //记录文件名
        imgname = DateTime.Now.ToString("yyyyMMddHHmmss")
                        + fupImg.FileName;
        //上传文件
        string path = Server.MapPath("~/productimgs/" + imgname);
        this.fupImg.SaveAs(path);
        //记录到数据库
        SqlConnection conn = new SqlConnection(constr);
        string sql = "insert into products values(
            @productName ,@author,@isrecommend ,@inPrice ,
            @startPrice, @salePrice,@img,@description ,
            @storeID ,@typeid,default,default)";
        SqlCommand comm = new SqlCommand(sql, conn);
        comm.Parameters.AddWithValue("@productname",txtName.Text);
        comm.Parameters.AddWithValue("@author", txtAuthor.Text);
        comm.Parameters.AddWithValue("@isrecommend", chkRecommend.Checked);
        comm.Parameters.AddWithValue("@inPrice", txtInPrice.Text);
        comm.Parameters.AddWithValue("@startPrice", txtStartPrice.Text);
        comm.Parameters.AddWithValue("@salePrice", txtSalePrice.Text);
        comm.Parameters.AddWithValue("@img", imgname);
        comm.Parameters.AddWithValue("@description", txtDesc.Text);
        comm.Parameters.AddWithValue("@storeid", ddlStore.SelectedValue);
        comm.Parameters.AddWithValue("@typeid", ddlType.SelectedValue);
        try
        {
            conn.Open();
            comm.ExecuteNonQuery();
            this.ClientScript.RegisterStartupScript(this.GetType(),
                "addproductsuccess", "alert('新增商品成功！');", true);
        }
```

```
            catch (Exception ex)
            {
                this.ClientScript.RegisterStartupScript(this.GetType(),
                    "addproducterr",
                    string.Format("alert('{0}');",ex.Message),true);
            }
            finally
            {
                if (conn.State == ConnectionState.Open)
                    conn.Close();
            }
        }
        else
        {
            this.ClientScript.RegisterStartupScript(this.GetType(),
                "imgerr", "alert('请选择商品图片');", true);
        }
    }
```

(6) 选择"生成"→"生成解决方案",以生成此项目。

(7) 选择"调试"→"启动",以执行此应用程序。

(8) 全部信息输入完毕后在商品描述中输入"<p>本书的目的是让你能以最快的时间掌握 Dreamweaver 8.0</p>",单击"添加商品"按钮后会出现图 3-15 所示的错误。

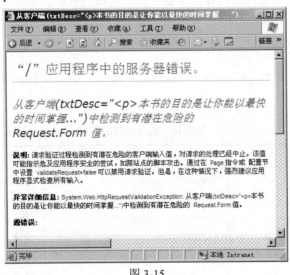

图 3-15

(9) 错误的原因是我们在表单中填写了 HTML 标签"<p>",解决的办法是给 Page 指令增加一个属性 ValidateRequest="false"。

(10) 重新运行此程序的输出结果如图 3-16 所示。

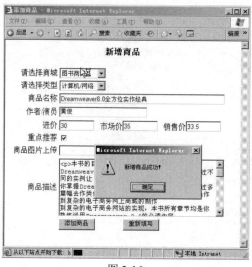

图 3-16

练习 2：使用验证控件验证用户录入商品信息

【问题描述】

练习 1 没有做任何验证，现需要修改代码来添加验证功能。

【问题分析】

商品名称需要做非空验证，作者需要做非空验证，进价、市场价和售价需要保证输入的都是货币型数字。

【参考步骤】

(1) 修改练习 1 中的 ProductAdd.aspx 文件代码，添加如下验证控件，属性如表 3-16 所示。

表 3-16 验证控件的属性

控 件	属 性	值
RequiredFieldValidator	ControlToValidate ErrorMessage	txtName 名称不能为空
RequiredFieldValidator	ControlToValidate ErrorMessage	txtAuthor 作者不能为空
CompareValidator	ControlToValidate ErrorMessage Operator Type	txtInPrice 进价必须是数字 DataTypeCheck Currency

(续表)

控 件	属 性	值
CompareValidator	ControlToValidate ErrorMessage Operator Type	txtStartPrice 市场价必须是数字 DataTypeCheck Currency
CompareValidator	ControlToValidate ErrorMessage Operator Type	txtSalePrice 销售价必须是数字 DataTypeCheck Currency

(2) 重新编译运行。

◆ 第二阶段 ◆

练习：eshop 电子商务网站还需要会员管理功能

只有登录的会员才能在线购买和付款，会员登录信息包括电子邮件和密码，其中电子邮件作为登录凭证不能重复。为了使会员能够及时收到网站邮寄来的商品，会员还需要填写：真实姓名、地址、邮编和电话。请设计如图 3-17 所示的 RegNewUser.aspx，并实现注册新用户的功能。

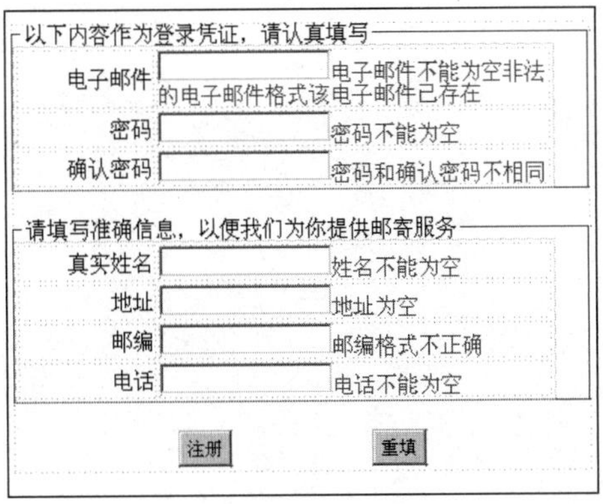

图 3-17

对应的数据库脚本如下：

```
use eshop
go
--会员信息表(电子邮件和密码作为登录依据)
create table customers
(
email varchar(20) primary key,        --电子邮件
password varchar(20) not null,         --密码
customerName nvarchar(15),             --会员真实姓名
address nvarchar(100),                 --联系地址
```

```
phone varchar(20),              --联系电话
zip varchar(6),                 --邮政编码
regtime datetime default getdate()  --注册时间
)
go
```

【拓展作业】

1. 请为 eshop 电子商务网站实现修改会员密码功能 ChangePwd.aspx。修改密码时需要提供原密码。

2. 请为 eshop 电子商务网站实现修改会员个人资料功能 ModifyPerInfo.aspx，需要修改真实姓名、地址、邮编和电话。

单元四

Response、Request 和 Server 对象

课程目标

- ▶ 熟练使用 Response 对象
- ▶ 熟练使用 Request 对象
- ▶ 熟练使用 Server 对象

 简介

前面章节我们学习了如何在 Web 页面中使用控件，由于 ASP.NET 的工作原理是客户端发送信息，服务器端接收信息并解析后反馈给客户端，这样，当需要在这个过程中保存信息时(比如：当用户登录一次后，希望下一次不要再输入密码等基本信息，想得到访问者的 IP 地址等)，仅仅只靠控件就很难解决。ASP.NET 内置了 Response、Request、Server、Application、Session 和 Cookie 等对象，虽然由于服务器控件技术的使用大大降低了 ASP.NET 开发对其内置对象的依赖，但是在某些场合，这些对象仍然非常重要，使用 ASP.NET 内置对象实现网站建设中的某些常用功能是非常方便且有效的。

本单元讨论的主要对象是：Response、Request 和 Server 对象。本单元将结合示例介绍它们的使用方法及其在网站建设中的用途。

4.1 Response 对象

HttpResponse 提供对当前页面的输出流的访问。Response 对象是 HttpResponse 类的一个实例，它用于控制服务器发送给浏览器的信息，包括直接发送信息给浏览器、重定向浏览器到另一个 URL 或设置 cookie 的值。

HttpResponse 类主要可用于：

- 将文本写入到输出页面。
- 读取/写入 Cookie(Cookie 将在下一单元介绍)。
- 将用户从请求页面重新定向到另一页面。
- 结束基于某些条件的应用程序连接。
- 为某种操作设置或获得输出内容的类型。
- 检查客户端是否仍然与服务器相连。

表 4-1 和表 4-2 分别列出了 Response 对象的属性和方法。

表 4-1 Response 对象的属性

属性	用途
Buffer	指定在处理完毕当前页面中的所有服务器脚本，或调用 Flush()或 End()方法之前，是否将 aspx 页面创建的输出存储在 IIS 缓冲中
Cache	获得网页的缓存策略(过期时间、保密性等)
ContentType	获得或指定响应的 HTTP 内容(MIME)类型为标准 MIME 类型(如 text/xml 或 image/gif)。默认的 MIME 类型是 text/html。客户端浏览器从输出流中指定的 MIME 类型获得内容的类型
Cookie	用于获得 Http Response 对象的 Cookie 集合

(续表)

属 性	用 途
Expires	指定浏览器中缓存的页面过期之前的时间(以分钟为单位)。如果在页面过期前用户返回到同一页面,则显示缓存的版本
Output	启用到输出 HTTP 响应流的文本输出
OutputStream	启用到输出 HTTP 内容主体的二进制输出,并作为响应的一部分

表 4-2　Response 对象常用的方法

方 法	说 明
Write()	用于向当前 HTTP 响应流写入文本,使其成为返回页面的一部分
End()	将当前所有缓冲的输出发送到客户端,停止该页的执行,并触发 Application 对象的 EndRequest 事件(Application 对象将在下一单元讨论)
Redirect()	将用户从请求页面重新定向或转到另一页面

下面的示例演示 Response 对象的各个属性的用法。

(1) 打开 VS 2008,新建一个名为 Example4_1 的网站。

(2) 将默认的 Default.aspx 重命名为 ResponseProperties.aspx,ResponseProperties.aspx 上的控件的属性如表 4-3 所示。

(3) 通过向 Web 窗体添加两个标签,设计此 Web 窗体的界面,如图 4-1 所示。

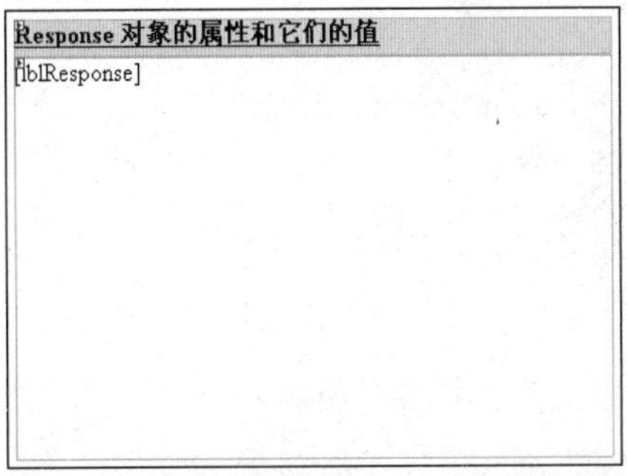

图 4-1

表 4-3　ResponseProperties.aspx 上的控件的属性

控 件	属 性	值
Label	ID	lblHdr
	BackColor	#E0E0E0
	Text	Response 对象的属性和它们的值
Label	ID	lblResponse

将下面给定的代码添加到页面的 Load 事件中,它将显示与响应关联的不同属性值。

protected void Page_Load(object sender, System.EventArgs e)

```
{
    lblResponse.Text=lblResponse.Text
            + "[ HttpResponse.Buffer=" + Response.Buffer + " ], ";
    lblResponse.Text=lblResponse.Text
            + "[ HttpResponse.Cache=" + Response.Cache + " ], ";
    lblResponse.Text=lblResponse.Text
            + "[ HttpResponse.CacheControl="
            + Response.CacheControl + " ], ";
    lblResponse.Text=lblResponse.Text
            + "[ HttpResponse.Charset=" + Response.Charset + " ], ";
    lblResponse.Text=lblResponse.Text
            + "[ HttpResponse.ContentType="
            + Response.ContentType + " ], ";
    lblResponse.Text=lblResponse.Text
            + "[ HttpResponse.Expires=" + Response.Expires + "],";
    lblResponse.Text=lblResponse.Text
            + "[ HttpResponse.ExpiresAbsolute="
            + Response.ExpiresAbsolute + " ], ";
    lblResponse.Text=lblResponse.Text
            + "[ HttpResponse.IsClientConnected="
            + Response.IsClientConnected + " ], ";
    lblResponse.Text=lblResponse.Text
            + "[ HttpResponse.StatusCode="
            + Response.StatusCode + " ], ";
    lblResponse.Text=lblResponse.Text
            + "[ HttpResponse.StatusDescription="
            + Response.StatusDescription + " ], ";
    lblResponse.Text=lblResponse.Text
            + "[ HttpResponse.SuppressContent="
            + Response.SuppressContent + " ], ";
}
```

编译并运行示例，其输出结果如图 4-2 所示。

图 4-2

接下来演示 HttpResponse 的方法的使用：

(1) 打开 VS 2008，新建一个名为 Example4_2 的网站。

(2) 将默认 Default.aspx 重命名为 ResponseMethods.aspx。

(3) 通过向 Web 窗口添加一个标签、一个文本框和两个按钮，设计此 Web 窗口的界面，如图 4-3 所示。表 4-4 列出了要为这些控件设置的各个属性。

表 4-4 ResponseMethods.aspx 上的控件的属性

控 件	属 性	值
TextBox	ID	txtURL
TextBox	ID	txtName_End
TextBox	ID Text	txtUserNm
Button	ID Text	btnEnd 访问
Button	ID Text	btnEnd Response.End 测试
Button	ID Text	btnSubmit Response 测试

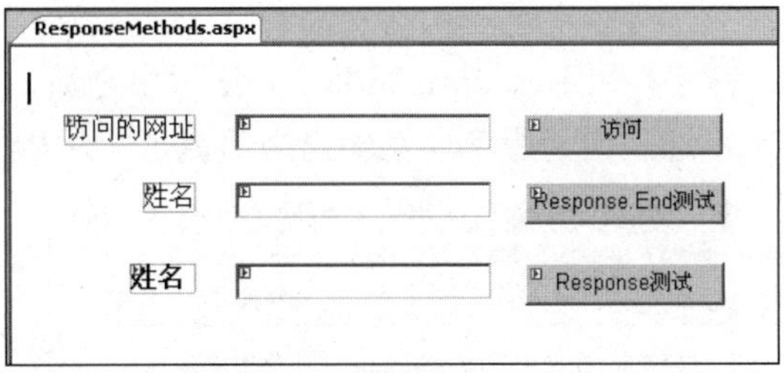

图 4-3

将下面代码添加到 btnSubmit 和 btnRedirect 按钮的 Click 事件中：

```
protected void btnRedirect_Click(object sender, System.EventArgs e)
{
    Response.Redirect(this.txtURL.Text.Trim());
}

protected void btnSubmit_Click(object sender, System.EventArgs e)
{
   if(txtUserNm.Text !="")
      Response.Write("您好" + txtUserNm.Text + ", 欢迎学习
         HttpResponse！！<B>这里没有采用 Response.End()方法</B>");
}
protected void btnEnd_Click(object sender, System.EventArgs e)
{
```

```
    if(this.txtName_End.Text !="")
{
    Response.Write("您好" + this.txtName_End.Text
        + ", 欢迎学习 HttpResponse！！<B>这里采用 Response.End()方法</B>");
    Response.End();
}
}
```

编译并运行示例，单击"Response 测试"按钮，其输出结果如图 4-4 所示。

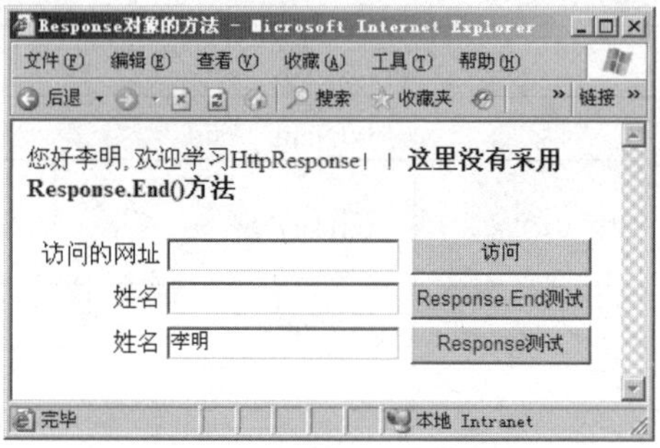

图 4-4

图 4-4 展示的是用 Response.Write()方法的结果，除了在页面上显示原来的控件之外还添加了 Respone.Write()方法里面输入的内容。

若在用 Response.Write()方法输出内容之后，再调用 Response.End()，则服务器停止解析，如图 4-5 所示。

从图 4-5 可以看出，程序在用 Response.Write()方法输出之后，调用 Response.End()方法，其他控件就没有显示，这是因为服务器在输出之后就停止解析了。

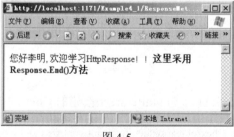

图 4-5

4.2 Request 对象

当用户通过浏览器请求网页时，显然需要通知服务器有关浏览器所要请求的页面。为此，浏览器需使用 Web 服务器的域名以及请求页面的全路径和名称建立连接。例如：http://sports.sina.con.cn/t/2008-11-15/00161880546.shtml，这是新浪网体育频道的一个新闻报道，其中 http://sports.sina.com.cn 是服务器的域名(二级域名)，/t/2008-11-15 是页面的路径，00161880546.shtml 是文件名称。

单元四　Response、Request和Server对象

　　现在，很明显会出现一个问题：为什么浏览器需要用到路径和名称？这是因为WWW(万维网)是一个无序的环境，所以需要采用某种操作来让服务器识别每个客户端。全路径和名称的组合仅仅是在请求页面时浏览器向Web服务器发送的值中的一个。

　　Request对象是HttpRequest类的一个实例，其主要功能是从客户端获取数据。使用该对象可以访问任何HTTP请求传递的信息，包括使用POST()方法或者GET()方法传递的参数、Cookie和用户验证。由于Request对象是Page对象的成员，所以在程序中可以直接使用。

　　Request对象将客户端请求的信息提供给服务器。客户端请求的信息包括下列内容：
- 识别用户和浏览器的HTTP变量。
- 在客户端浏览器上为网站存储的Cookie。
- 作为查询字符串或网页<FORM>部分的HTML控件值、添加到URL的值。
- 如果是安全保护的网站，就是有关网站安全的信息。

Request对象的常用方法和属性如表4-5和表4-6所示。

表4-5　Request对象的属性

属　　性	用　　途
Browser	获得有关请求浏览器功能的信息
Form	获得网页中定义的窗体变量的集合
QueryString	获得以名/值对表示的HTTP查询字符串变量的集合
Params	获取QueryString、Form、ServerVariables和Cookies项的组合集合
ServerVariables	获取Web服务器变量集合
Url	获取有关当前请求的URL的信息

表4-6　Request对象的常用方法

方　　法	说　　明
MapPath()	返回类型：字符串。将请求URL中提供的虚拟路径映射到服务器上的实际物理路径

接下来的示例演示了Request对象的各个属性的用法。

(1) 打开VS 2008，新建一个名为Example4_3的网站。

(2) 将默认Default.aspx重命名为RequestProperties.aspx。

(3) 通过向Web窗口添加两个标签控件，设计Web窗口的界面，如图4-6所示。表4-7列出了要为这些控件设置的各个属性。

图 4-6

表 4-7　RequestProperties.aspx 上的控件的属性

控　件	属　性	值
Label	ID	lblHdr
	Back Color	#E0E0E0
	Text	Request 对象的属性和它们的值
Label	ID	lblRequest

将代码添加到页面的 **Load** 事件中，它将显示与请求关联的各个属性值。

```
protected void Page_Load(object sender, System.EventArgs e)
{
    lblRequest.Text=lblRequest.Text + "[ HttpRequest.Browser="
                + Request.Browser + " ]<br>";
    lblRequest.Text+="[HttpRequest.Browser.Browser="
                + Request.Browser.Browser + "]<br>";
    lblRequest.Text+="[HttpRequest.Browser.Version ="
                + Request.Browser.Version  + "]<br>";
    lblRequest.Text=lblRequest.Text + "[ HttpRequest.Url="
                + Request.Url + " ]<br>";
    lblRequest.Text=lblRequest.Text
                + "[ HttpRequest.UserHostAddress="
                + Request.UserHostAddress + " ]<br>";
    lblRequest.Text=lblRequest.Text
                + "[ HttpRequest.UserHostName="
                + Request.UserHostName + "]";
}
```

编译并运行示例，其输出结果如图 4-7 所示。

图 4-7

接下来的示例演示了 Request 对象的方法使用。

(1) 打开 VS 2008，添加一个名为 Example4_4 的新网站。

(2) 将默认 Default.aspx 重命名为 RequestMethods.aspx。

(3) 将代码添加到页面的 Load 事件中，它将显示与请求关联的方法返回值。

```
protected void Page_Load(object sender, System.EventArgs e)
{
    Response.Write("<B>"
            + Server.HtmlEncode("MapPath("RequestMethods.aspx")")
            + "的输出结果是: </B><br>");
    Response.Write("<U>"
            + Request.MapPath("RequestMethods.aspx").ToString()
            + "</U><br><br>");
}
```

编译并运行示例，其输入结果如图 4-8 所示。

图 4-8

接下来的示例演示了 QueryString 的用法。

(1) 打开 VS 2008，添加一个名为 Example4_5 的新网站。

(2) 将默认 Default.aspx 重命名为 QueryStrings.aspx。

(3) 通过向 Web 窗体添加一个标签、一个文本框和一个按钮，设计 Web 窗体的界面，如图 4-9 所示。表 4-8 列出了要为这些控件设置的各种属性。

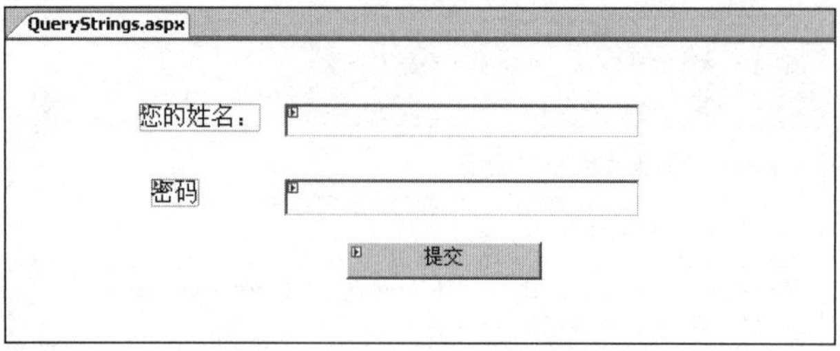

图 4-9

表 4-8　QueryStrings.aspx 上的控件的属性

控　件	属　性	值
TextBox	ID	txtName
TextBox	ID	txtPwd
Button	ID	btnSubmit
	Text	提交

```
protected void btnSubmit_Click(object sender, EventArgs e)
{
    string strURL = "TargetPage.aspx?Nm="
            + Server.UrlEncode(txtName.Text)
            + "&pwd=" + Server.UrlEncode(this.txtPwd.Text);
    Response.Redirect(strURL);
}
```

(4) 给项目添加一个 Web 页面，并将其重命名为 TargetPage.aspx。

```
protected void Page_Load(object sender, System.EventArgs e)
{
    string userNm = Request.QueryString["Nm"];
    Response.Write("<Font color='Red'><B>欢迎</B></Font>");
    Response.Write(Server.UrlDecode(userNm));
    Response.Write ("<B>你的密码是:</B>"
            + Server.UrlDecode(Request.QueryString["pwd"]));
}
```

编译并运行该示例。输入姓名后，单击"提交"按钮，页面会重定向到新的目标页面，并在地址栏中显示查询字符串，如图 4-10 所示。

图 4-10 中演示了从 QueryStrings.aspx 页面传递参数 Name 和 Pwd 给 TargetPage.aspx 页面的过程。在地址栏可以看到用"?"方式传递参数，即"?参数名=参数值"，若要传递多个参数则用"&"链接。

以下示例演示如何使用 Form 属性。

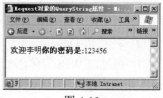

图 4-10

在单元二中我们学习过怎样处理表单的跨页面提交问题，其实使用 Request 对象就可以非常简单地获取提交到 Page2.aspx 的数据。

(1) 打开 VS 2008，添加一个名为 Example4_6 的新网站。

(2) 删除 Default.aspx 页面，将单元二中的 Page1.aspx 页面和 Page1.aspx.cs 复制到当前网站下。

(3) 再添加一个新页面 Page2.aspx，将代码添加到页面 Page2 的 Load 事件中。

```
protected void Page_Load(object sender, System.EventArgs e)
{
    string name = Request.Form["txtName"];
    if (name == null)
    {
        Response.Redirect("Page1.aspx");
        Response.End();
    }
    else
        Response.Write("<b>Hello," + name + "</b>");
}
```

编译并运行该示例。如果直接从 Page2 开始执行，则会自动跳转到 Page1，在 Page1 中输入姓名，单击"提交到 Page2"按钮后，效果如图 4-11 所示。

Request 对象支持索引器语法，可以将上面两个例子中的 Request.QueryString["Nm"]改成 Request["Nm"]，将 Request.Form["txtName"]改成 Request["txtName"]。

图 4-11

4.3 Server 对象

Server 对象提供了对服务器上方法和属性的访问。最常用的方法是创建 ActiveX 组件的实例，其他方法可用于 URL 或者 HTML 编码成字符串，或者将虚拟路径映射到物理路径以及设置脚本的超时时间等。Server 对象是 HttpServerUtility 类的一个实例，该类包含用于处理 Web 请求的方法。下面将讨论 Server 对象的各个方法的使用。

4.3.1 Execute()方法和 Transfer()方法

Execute()方法和 Transfer()方法(其差异见表 4-9)均会停止当前页面的执行，并转去执行用户在方法内指定的 URL，同时用户的会话状态和任何当前的事务处理状态都将传递给新页面。

表4-9 Execute()方法和Transfer方法的差异

Execute()方法	Transfer()方法
在URL参数指定的页面处理完后，控制权返回给先前的页面或调用此方法的页面，并且从此方法调用后的语句继续执行	在URL参数指定的页面处理完后，控制权不会返回给先前的页面，也不会返回给调用此方法的页面，直到在新页面完成结束

Execute(string)：其中，string 表示 URL 文本。

Transfer()方法也被重载，它的不同版本如下：

- Transfer(string path)：其中 path 表示 URL 文本。
- Transfer(string path,bool preserveForm)：其中 path 表示 URL 文本，而布尔变量 preserveForm 用于指定在将用户转到新页面前是否清除原页面的 QueryString 和 Form 的集合。

提示

Transfer()方法可在多个请求间保留原页面的某些信息。将 Transfer()方法的第二个参数 preserveForm 设置为 True，可将窗口的 QueryString、视图状态等信息提供给目标窗体。

Server 对象的 Transfer()方法和 Execute()方法专门用于 Web 窗体。如果使用这两个方法中的任何一个导航到 HTML 页面，则会导致运行时错误。

下面的示例演示了 Server 对象的 Execute()方法和 Transfer()方法的差异。

(1) 打开 VS 2008，新建一个名为 Example4_7 的新网站。

(2) 将默认 Default.aspx 重命名为 ExecuteAndTransferDemo.aspx，其上的控件的属性见表 4-10。

(3) 将本单元中前面事例中的 ResponseProperties.aspx 页面和 RequestProperties.aspx 页面复制到当前网站下。

(4) 通过向 Web 窗体添加两个标签和两个按钮，设计 Web 窗体的界面，如图 4-12 所示。

表 4-10 列出了要为这些控件设置的各种属性。

表4-10 ExecuteAndTransferDemo.aspx 上的控件的属性

控　件	属　性	值
Label	ID	lblForExecute
Label	ID	lblForTransfer
Button	ID	btnExec
	Text	调用 Execute()方法
Button	ID	btnTransfer
	Text	调用 Transfer()方法

图 4-12

将下面的代码分别添加到页面的 btnExec 按钮和 btnTransfer 按钮的 Click 事件中，它们将显示这些方法的行为。

```
protected void btnExec_Click(object sender, System.EventArgs e)
{
    Server.Execute("ResponseProperties.aspx");
    lblForExecute.Text="客户端调用 Execute()方法之后！！";
}
protected void btnTransfer_Click(object sender, System.EventArgs e)
{
    Server.Transfer("RequestProperties.aspx");
    lblForExecute.Text = "客户端调用 Transfer()方法之后！！";
}
```

将前面示例中的 ResponseProperties 复制到该文件夹中。

编译并运行，单击"调用 Execute 方法"按钮的输出结果如图 4-13 所示。

图 4-13

单击"调用 Transfer 方法"按钮的输出结果如图 4-14 所示。

在图 4-15 中显示了单击"调用 Transfer 方法"按钮的效果，在这里需要注意的是，从地址栏可以看到是新打开的页面还是当前页面，它和 Redirect 不同，Redirect 是转到另一个页面。

图 4-14

4.3.2　HtmlEncode()方法

由于 Web 浏览器在解析时看到 HTML 标记就转换成相应的内容，比如本来想输出这样的结果"<B>测试</B>表示用粗体显示"，但是在浏览器中看到的却是"测试表示用粗体显示"，测试两个字变成粗体，我们看不到<B></B>这两个符号。为了看到想要的效果，我们不得不用&lt;替换"<"，即写成 Response.Write("&lt;B&gt;测试&lt;B&gt;表示用粗体显示"))。显然这种写法非常烦琐，而现在我们只需要使用 Server 对象的 HtmlEncode()方法，就会使一切变得再简单不过。

以下示例演示了如何使用 HtmlEncode()方法。

(1) 打开 VS 2008，新建一个名为 Example4_8 的新网站。

(2) 删除 Default.aspx 窗体，添加一个新窗体 HTMLEncode.aspx，并在 Page_Load 事件处理程序中添加如下代码。

```
protected void Page_Load(object sender, System.EventArgs e)
{
    // 在此处放置用户代码以初始化页面
    Response.Write("<B>测试</B>表示用粗体显示");
    Response.Write("<BR>");
    Response.Write("&lt;B&gt;测试&lt;/B&gt;表示用粗体显示");
    Response.Write("<BR>");
    Response.Write(Server.HtmlEncode("<B>测试</B>表示用粗体显示"));
}
```

(3) 调试运行得到如图 4-15 所示的结果。

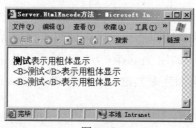

图 4-15

4.3.3 UrlEncode()方法

为了在地址中传递路径符号或者不想让用户知道超链接的真实地址，我们采用 UrlEncode()方法对要传递的 URL 进行编码。

- UrlEncode(string s)：其中 s 表示将要编码并由 HTTP 传递的文本。
- UrlEncode(string s,TextWriter output)：其中 s 表示要编码的字符串，而 output 表示输出包含已编码字符串的流。

以下示例演示了 UrlEncode()方法的使用效果。

(1) 在 Example4_8 中创建新的窗体 URLEncode.aspx，并在 Page_Load 事件处理程序中编写如下代码。

```
protected void Page_Load(object sender, EventArgs e)
{
    string myURL = "http://www.abc.com/articles.aspx?name =张三";
    Response.Write("这是用 Response.Write(Server.UrlEncode(myURL))的结果：<br>"
        + Server.UrlEncode(myURL) + "<br><br>");
    Response.Write("这是用 Response.Write(MyURL)的结果：<br>" + myURL);
}
```

(2) 编译运行，得到如图 4-16 所示的效果。

图 4-16

4.3.4 MapPath()方法

请求网页时使用的路径是虚拟路径，但是我们经常遇到需要绝对路径的情况，比如，要上传一个文件到服务器，在保存时就需要绝对路径，再比如，在使用 ADO.NET 访问 Access 数据库时，也需要获知 Access 文件的实际路径(物理路径)。借助于 MapPath()方法，我们可以从虚拟路径得到 Web 资源(如.aspx 页面)的物理路径。

该方法的语法为：MapPath(string path)，其中 path 表示 Web 服务器上的指定虚拟路径。

> **注意**
> 如果 null 作为路径参数传递，则会返回当前网页所在目录的物理全路径。

【单元小结】

- 传递 Form 表单中的控件值用 Request.Form 获取值，地址栏中传递的参数用 Request.QueryString 获取。
- 通常用 HttpResponse 类的属性 Buffer、Cache、Cookie 和 Expires 设置站点的一些特性。
- HttpResponse 类的常用方法是 Write()、End()和 Redirect()。
- HttpServerUtility 类的 Execute()和 Transfer()方法的区别关键在于执行后控件权是否返回原先页面。UrlEncode()和 HtmlEncode()方法主要用于对 HTML 标签和 URL 进行编码，对站点或程序的安全具有重要意义，MapPath()方法返回与 Web 服务器上的指定虚拟路径相对应的物理文件路径。

【单元自测】

1. (　　)方法可以将另外一个页面的内容插入本页面。
   A. Redirect()　　　B. Response()　　　C. Execute()　　　D. Transfer()
2. 下面的(　　)对象可用于使服务器获取从客户端浏览器提交或者上传的信息。
   A. Request　　　B. Server　　　C. Response　　　D. Session
3. 某请求字符串为"a.aspx?id=1"，则下列不能获取 id 值的是(　　)。
   A. Request.Form["id"]　　　　　B. Request.QueryString["id"]
   C. Request["id"]　　　　　　　D. Request.QueryString[0]
4. (　　)方法可以显示 HTML 代码。
   A. UrlEncode()　　　　　　　B. HtmlEncode()
   C. TextEncode()　　　　　　　D. TextToHTML()
5. 设定当前站点所在的文件夹是 D:\ABC\，在该站点有一个虚拟目录 XYZ，其对应的目录是 F:\Math\，在该目录下有文件 20021023.aspx，则在该文件下执行 Server.MapPath("\\20021023.aspx")的返回值是(　　)。
   A. D:\ABC\20021023.aspx　　　　B. D:\ABC\XYZ\20021023.aspx
   C. F:\Math\20021023.aspx　　　　D. F:\XYZ\Math\20021023.aspx

【上机实战】

上机目标

- 深刻理解 Response 对象、Request 对象和 Server 对象在 ASP.NET 网站开发中的常见用法
- 学习怎样处理在页面之间传递中文字符
- 学习怎样给网站图片加水印效果

上机练习

◆ 第一阶段 ◆

练习1：学习怎样在页面之间传递中文字符

【问题描述】

某些中文字符通过 QueryString 传递时会出现乱码，必须经过编码才能正确地传递到其他页面。

【参考步骤】

(1) 在 VS 2008 中，新建 Medicine 网站。网站文件结构如图 4-17 所示。

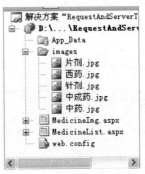

图 4-17

(2) 修改 MedicineList.aspx 页面，主要代码如下。

```
<form id="form1" runat="server">
<div>
<asp:HyperLink ID="hyl1" runat="server" Target="_blank"
    Text="中药"></asp:HyperLink><br />
<asp:HyperLink ID="hyl2" runat="server" Target="_blank"
```

```
            Text="西药"></asp:HyperLink><br />
<asp:HyperLink ID="hyl3" runat="server" Target="_blank"
            Text="中成药"></asp:HyperLink><br />
<asp:HyperLink ID="hyl4" runat="server" Target="_blank"
            Text="针剂"></asp:HyperLink><br />
<asp:HyperLink ID="hyl5" runat="server" Target="_blank"
            Text="片剂"></asp:HyperLink><br />
</div></form>
```

(3) 在 MedicineList.aspx.cs 中给这 5 个 HyperLink 控件加上不同的超链接。

```
protected void Page_Load(object sender, EventArgs e)
{
    if (!Page.IsPostBack)
    {
        Hyl1.NavigateUrl = "MedicineImg.aspx?m=" + Hyl1.Text;
        Hyl2.NavigateUrl = "MedicineImg.aspx?m=" + Hyl2.Text;
        Hyl3.NavigateUrl = "MedicineImg.aspx?m=" + Hyl3.Text;
        Hyl4.NavigateUrl = "MedicineImg.aspx?m=" + Hyl4.Text;
        Hyl5.NavigateUrl = "MedicineImg.aspx?m=" + Hyl5.Text;
    }
}
```

(4) 在 MedicineImg.aspx.cs 中获取 QueryString 的值并显示出来。

```
protected void Page_Load(object sender, EventArgs e)
{
    string m = Request.QueryString["m"];
    if (m != null)
        Response.Write(m);
}
```

(5) 在 IE8 下运行 MedicineList.aspx，单击第一个超链接，结果如图 4-18 所示。

图 4-18

(6) 单击其他超链接，除了"中成药"外都会出现同样的问题。为解决这个问题，我们需要对汉字进行编码后再传递。修改 MedicineList.aspx.cs 中的代码如下：

```
protected void Page_Load(object sender, EventArgs e)
```

```
{
    if (!Page.IsPostBack)
    {
        hyl1.NavigateUrl =
        "MedicineImg.aspx?m=" + Server.UrlEncode(hyl1.Text);
        hyl2.NavigateUrl =
        "MedicineImg.aspx?m=" + Server.UrlEncode(hyl2.Text);
        hyl3.NavigateUrl =
        "MedicineImg.aspx?m=" + Server.UrlEncode(hyl3.Text);
        hyl4.NavigateUrl =
        "MedicineImg.aspx?m=" + Server.UrlEncode(hyl4.Text);
        hyl5.NavigateUrl =
        "MedicineImg.aspx?m=" + Server.UrlEncode(hyl5.Text);
    }
}
```

(7) 再次编译运行，发现上述编码问题已经不存在了。

练习2：学习怎样给图片加水印效果

【问题描述】

为防止通过在页面上"另存为图片"来转载网站图片，一般需要给图片加上明显的水印，图片是二进制文件，可以通过 Response.OutputStream 发送到浏览器上。

【参考步骤】

(1) 在练习1的基础上添加引用"System.Drawing"。

(2) 修改 MedicineImg.aspx.cs 文件代码如下。

```
using System;
using System.Collections.Generic;
using System.Linq;
using System.Web;
using System.Web.UI;
using System.Web.UI.WebControls;
using System.Drawing;
using System.Drawing.Imaging;

public partial class MedicineImg : System.Web.UI.Page
{
    protected void Page_Load(object sender, EventArgs e)
    {
        string m = Request.QueryString["m"];
        if (m != null)
        {
            string path = Server.MapPath("~/images/" + m + ".jpg");
            System.Drawing.Image img = System.Drawing.Image.FromFile(path);
            Graphics g = Graphics.FromImage(img);
```

```
            //在图像右下角上绘制水印
            g.DrawString("medicine", new Font("隶书", 50),
                new SolidBrush(Color.Blue),
                img.Width-300, img.Height-100);
            //设置输出流的 MIME 类型为 JPEG 图片
            Response.ContentType = "image/jpeg";
            img.Save(Response.OutputStream, ImageFormat.Jpeg);
            Response.Flush();
            Response.End();
        }
    }
}
```

◆ **第二阶段** ◆

练习：创建一个 Web 应用程序

模仿计算器的工作原理，提供将两个数进行加减乘法的选项，并在另一个页面上显示输出结果。

【拓展作业】

1. 创建一个 Web 应用程序，接收用户的姓名、工龄和年薪。比较工龄和薪水，并以下列格式显示结果。

"您好，《USERNAME》，您的工龄与收入比为优！"

或者

"您好，《USERNAME》，您的工龄与收入比低于平均值！"

工龄在以下情况下收入比为优。

- 工龄≤1 且年薪≤$10000。
- 工龄≤2 且年薪范围为$30001 至$40000。
- 工龄≤3 且年薪范围为$40001 至$60000。
- 工龄≤4 且年薪范围为$60001 至$80000。
- 工龄≤5 且年薪范围为$80001 至$100000。
- 任意工龄且年薪>$100000。

在其他所有情况下，工龄应低于平均值。输出结果将在单独一个网页中显示。另外，验证表单内容以查看任何用户未填的字段，并在表单提交后向用户显示相关的消息。

2. 比较 Server.MapPath()方法和 Request.MapPath()方法与 Request.PhysicalApplicationPath 属性的异同。

单元五

Application、Cookie 和 Session 对象

课程目标

- ▶ 学会运用 global.asax 文件
- ▶ 学会使用 Application 对象
- ▶ 学会创建并读取 Cookie
- ▶ 学会使用 Session 对象

简 介

在前一单元我们学习了 Response、Request 和 Server 对象，实际上对于 Request 用得最多的是读取数值功能，这实际上是 ASP.NET 中各个页面中数值传递的一种方式，本单元将学习如何用 Application、Session 和 Cookie 进行数值传递。

5.1 ASP.NET 中数值传递模型介绍

在 ASP.NET 中，信息之间的传递我们可以用图 5-1 所示的简单模型表示。

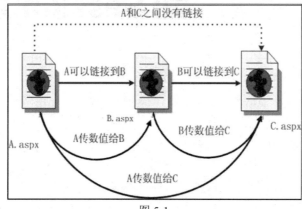

图 5-1

在图 5-1 中，A.aspx 可以链接或者跳转到 B.aspx，页面 B.aspx 可以跳转到 C.aspx，但是 A.aspx 不可以跳转到 C.aspx 页面。在开发过程中经常有要求从一个页面传递数值到另一个页面的情况，下面分别描述各种情况的传值方式。

(1) A 页面可以访问 B 页面，且 A 页面传递数据给 B 页面。

在这种情况下，我们一般是从 A.aspx 页面传递 Form 里面的控件或者参数给 B.aspx 页面，而 B.aspx 页面用 Request 来接收 A.aspx 页面传递过来的数值，若 A.aspx 页面传递到 B.aspx 页面的是 Form 里面的控件，那么在 B.aspx 页面用 Request.Form["控件名称"]方式接收；若 A.aspx 页面是用"B.aspx?参数名称=参数值"方式传递数值给 B.aspx 页面，则在 B 页面用"Request.QueryString["参数名称"]"方式接收参数。

(2) A 页面传值给 A 页面。

在这种情况下，我们可以采用"ViewState["变量名"]=数值"方式传值，而接收数值采用"变量=ViewState["变量名"]"方式；另外，也可以采用"Hidden 控件.value=数值"方式传值，而采用"变量=Hidden 控件.value"方式接收数值。

(3) A 页面不可以访问 C 页面，但是要求 A 页面传值给 C 页面。

比如，在登录模块中，用户在登录界面输入信息，之后在其他页面中要知道当前用户的信息(其他页面和登录页面没有链接关系)，在这种情况下，一般采用 Application、Session 及 Cookie

来进行数值传递，具体采用哪种方式得看实际情况，一般来说尽量少用 Application，适量采用 Session 和 Cookie。

当然上述的方法不是绝对的，实际上 Application、Session 和 Cookie 在上述 3 种情况中都可以使用，另外，用 Request 的方式在第二种情况也可以使用。

5.2 Global.asax

Global.asax 文件也称为 ASP.NET 应用程序文件，它是一个用于配置应用程序的设置文件，当创建工程时开发工具不会自动创建，需要手动添加"全局应用程序类"，该文件一般会放在根目录下。此文件中的代码不产生用户界面，也不影响单个页面的请求。它主要负责处理 Application_Start、Application_End、Session_Start 和 Session_End 事件，如表 5-1 所示。

表 5-1 Global.aspx 中的事件

事件	说明
Application_Start	在 HttpApplication 类的第一个实例创建时，该事件被触发
Application_End	在 HttpApplication 类的最后一个实例被销毁时，该事件被触发。在一个应用程序的生命周期内它只被触发一次
Application_BeginRequest	每次页面请求开始时(理想情况下是在加载或刷新页面后)触发
Application_EndRequest	每次页面请求结束时(即每次在浏览器上执行页面时)触发
Session_Start	每次新会话开始时触发
Session_End	会话结束时触发(有关会话可以采用何种方式结束，请参见 Session 对象)

应用程序开始运行时，就会触发 Application_Start 事件，对于每个访问应用程序的用户，会触发 Session_Start 事件启动单独的会话，当用户从应用程序退出时会触发该用户的 Session_End 事件来结束会话。应用程序完全关闭时会触发 Application_End 事件。每个事件的处理代码均添加到 Global.asax 文件相应的代码段中。

以下示例演示如何在 Web 应用程序中使用 Global.asax 文件。

(1) 在 VS 2008 中新建一个网站 Example5_1，在"解决方案资源管理器"中右击，选择"添加新项"，在出现的"添加新项"对话框中，选择"全局应用程序类"，并打开代码后置文件 Global.asax.cs。将代码添加到 Global.asax.cs 的各个事件中，代码如下所示：

```
protected void Application_Start(Object sender, EventArgs e)
{
}
protected void Session_Start(Object sender, EventArgs e)
{
Response.Write("会话已开始<br>");
}
protected void Application_BeginRequest(Object sender, EventArgs e)
```

```
    {
        Response.Write("应用程序开始<br>");
        Response.Write("应用程序请求开始<br>");
    }
    protected void Application_EndRequest(Object sender, EventArgs e)
    {
        Response.Write("应用程序请求结束<br>");
    }
    protected void Session_End(Object sender, EventArgs e)
    {
        Response.Write("会话已结束");
    }
    protected void Application_End(Object sender, EventArgs e)
    {
    }
}
```

(2) 应用程序会自动执行 Global.asax 文件中的事件处理程序。将默认的 ASP.NET 页面 Default.aspx 重命名为 TestingGlobal.aspx。此文件和 Global.asax 文件一起存在于应用程序的根目录中。此页面的代码列出如下：

```
protected void Page_Load(Object sender, EventArgs e)
{
    Response.Write("页面加载事件<br>");
}
```

示例的输出结果如图 5-2 所示。

如以上输出结果所示，首先收到请求(开始)，然后开始会话，加载页面，最后结束请求。但是，注意会话还尚未结束。如果刷新页面，则输出结果将如图 5-3 所示。

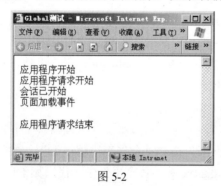
图 5-2

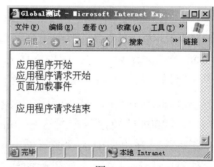
图 5-3

注意这次只从 Global.asax 文件调用了 Application_BeginRequest 和 Application_EndRequest，ASP.NET 页面的 Page_Load 事件处理程序也会在重新加载该页面时调用。但是，因为会话已存在，所以没有调用 Session_Start 事件。如果浏览器关闭并重新加载该页面，则会调用 Session_Start 事件，因为会重新开启一个会话。

5.3 Application 对象

在项目开发中，有时我们需要在用户访问应用程序的各个页面时，保留该用户所执行的一些操作。例如，在线购物车有"已购货物""订单确认"和"发货信息"等多个不同的页面。用户将某个商品放入在线购物车后，就会存储该商品的代码，并可以从这 3 个页面中的任何一个页面访问该商品，当然，此信息保留在数据库中。但是，当用户选择商品时，需要一个临时存储区来存储信息以提高效率，这就是 Session 对象和 Application 对象的用武之地。

Application 对象是内置的 ASP.NET 对象，表示 ASP.NET 应用程序的实例。Application 状态由 HttpApplicationState 类表示，它包括所有与应用程序相关的方法和集合。当第一个用户请求一个 ASP.NET 文件时，会启动应用程序并创建一个 Application 对象。在创建 Application 对象后，它就可以在整个程序中使用，创建的对象将持续到应用程序关闭。

5.3.1 应用程序变量

如上所述，Application 对象存储并维护某些值，这样 Application 就起到一个变量的作用。在 ASP.NET 中，变量的作用范围分为两级。

- 页面级变量：它们通过语言(Visual Basic.NET、Visual C#)在 ASP.NET 页面中定义，可在处理页面时使用，页面处理完之后，就会清除变量并释放相关资源。例如，假设页面 temp.aspx 包含如下的代码：

```
string myname = "Graham";
Response.Write("欢迎" + myname );
```

变量 myname 的作用域是在页面 temp.aspx 之内，一旦关闭该页面后，变量会被清除。
- 对象级变量：对象级变量的作用域大于页面级变量的作用域。这些变量及其值可跨页面访问。对象级变量分为两种类型。
    - 应用程序级变量：用于在多个用户中共享信息。
    - 会话级变量：用于将特定用户的信息从一个页面传递至另一个页面，即保留特定用户会话的整个过程中的信息(在后面的学习阶段将介绍会话级变量处理)。

对象级变量可在 Global.asax 文件或各个 ASPX 页面中声明。语法为：

```
object [varName] = value;
```

其中，object 可以是 Application 或 Session，varName 是变量的名称。例如：

```
Application["greeting"] = "欢迎访问我们的站点"
```

应用程序中的所有页面均可以访问 Application 变量。例如，我们可创建用户问候语，并将它存储在应用程序变量中，此变量可以在整个应用程序中使用。

以下示例将演示如何用 Application 对象保存在线用户人数和总访问人数。

(1) 在 VS 2008 中新建一个名为 Example5_2 的网站，并为其添加全局应用程序类 Global.asax 文件。

(2) 在 Global.asax 文件的 Application_Start 事件中添加如下代码。

```
protected void Application_Start(Object sender, EventArgs e)
{
    Application["UserNum"] = 0;
    Application["Visited"] = 0;
}
```

这段代码表明在应用程序开始的时候，对在线人数和总访问人数清零。

(3) 在 Global.asax 文件的 Session.Start 事件中添加如下代码。

```
protected void Session_Start(Object sender, EventArgs e)
{
    Application["UserNum"]
        = int.Parse(Application["UserNum"].ToString()) + 1;
    Application["Visited"]
        = int.Parse(Application["Visited"].ToString()) + 1;
}
```

这段代码表明在用户访问这个站点的任何页面时就启动 Session 对象，并把在线人数和总访问人数都加 1。

(4) 在 Global.asax 文件的 Session_End 事件中添加如下代码。

```
protected void Session_End(Object sender, EventArgs e)
{
    Application["UserNum"]
        = int.Parse(Application["UserNum"].ToString()) - 1;
}
```

这段代码表明，当用户离开站点时，把在线人数减 1，但总访问人数不能减少。

(5) 在 Default.aspx 的 Page_Load 事件处理程序中添加如下代码。

```
protected void Page_Load(object sender, System.EventArgs e)
{
    Response.Write("你是第"+ Application["Visited"].ToString()
        + "位访客<BR>当前在线" + Application["UserNum"].ToString() + "人");
}
```

(6) 编译并运行，可以看到页面输出总访问人数和当前在线人数信息。

(7) 用 IE 另开一个窗口，将刚才页面的地址输入到新打开的窗口的地址栏中，选择"转到"或回车，可以看到页面输出的总访问人数和当前在线人数均在增加。

(8) 20 分钟后刷新网页，可以看到总访问人数不变，而在线人数减少了。

> 应用程序变量将保留赋给它的值,直到应用程序卸载或 Web 服务器关闭,因此,它将长时间占用内存,应谨慎使用这些变量。

5.3.2 Lock()和UnLock()方法

如果页面访问量非常大,则可能出现多个用户同时更改同一个 Application 值的情况,这可能会导致混乱。因此,要确保应用程序级的变量不会同时被多个用户更新,我们采用 Application 对象的 Lock()和 UnLock()方法进行锁定和解锁。

Lock()用于锁定 Application 变量,使得首先调用该方法的用户会话拥有应用程序的控制权从而可以更改应用程序变量,在锁定释放前其他任何用户都不能编辑应用程序变量。

UnLock()方法用于解锁用户会话对应用程序变量的锁定。UnLock()方法一旦执行,用户就会失去对应用程序变量的控制权。

我们不必显示调用 UnLock()方法,页面在处理完毕后会触发 End 事件并释放对 Application 对象的锁定。此外,如果页面的脚本处理超时,程序也会自动调用 UnLock()方法。

> Web 服务器会监测为处理资源而分配的时间。如果发出一个需要处理很长时间的请求,则服务器会终止请求,该过程称为请求超时。

下列代码演示如何针对应用程序变量使用 Lock()和 UnLock()方法。

```
Application.Lock();
//更改应用程序变量值的代码
Application.UnLock();
```

Lock()方法会锁定脚本中所有的变量,这将确保只有当前对页面有控制权的用户才能访问或修改应用程序变量,其他访问该页面的用户将无法修改变量的内容。当显式地调用 UnLock()方法或到达页面的结尾时,当前用户就会失去对应用程序变量的控制权。控制权随后会传递给其他正访问该页面的用户。

修改上例,使用 Lock()和 UnLock()方法对应用程序变量进行锁定或解锁。

(1) 修改上例 Global.asax 文件的 Application_Start 事件代码如下。

```
protected void Application_Start(Object sender, EventArgs e)
{
    Application.Lock ();
    Application["UserNum"] = 0;
    Application["Visited"] = 0;
    Application.UnLock();
}
```

(2) 修改 Global.asax 文件的 Session_Start 事件代码如下。

```
protected void Session_Start(Object sender, EventArgs e)
{
    Application.Lock();
    Application["UserNum"]
            = int.Parse(Application["UserNum"].ToString()) + 1;
    Application["Visited"]
            = int.Parse(Application["Visited"].ToString()) + 1;
    Application.UnLock();
}
```

(3) 修改 Global.asax 文件的 Session_End 事件代码如下。

```
protected void Session_End(Object sender, EventArgs e)
{
    Application.Lock();
    Application["UserNum"]
            = int.Parse(Application["UserNum"].ToString()) - 1;
    Application.UnLock();
}
```

5.3.3 添加、更新和移除 Application 数据项

HttpApplicationState 类提供添加和移除 Application 状态的方法。表 5-2 列出了 HttpApplicationState 中一些常用的方法。

表 5-2 Application 的常用方法

方 法	说 明
Add()	向 Application 状态添加新对象。例如，可使用下列代码给 Application 状态添加项： Application.Add("Title",article board); 或 Application["Title"] = "Article Board"
Clear()	从 Application 状态中移除所有对象
Remove()	从 Application 集合中按名称移除项 例如，可以使用下列代码来移除 Title 项： Application.Remove("Title")

5.4 Cookie

Cookie 可定义为服务器存储在浏览器上的少量信息。Cookie 的主要用途是在客户端系

统中保留用户的个人信息。

Cookie 可分为以下两类。

- 会话 Cookie。
- 持久性 Cookie。

会话 Cookie 只在当前会话中有效，会话结束就消失。持久性 Cookie 可以保存几个月甚至几年。

5.4.1 创建并读取一个会话 Cookie

下面代码演示如何创建会话 Cookie。

```
HttpCookie objHttpCookie = new HttpCookie("UserName", "张三");
Response.Cookies.Add(objHttpCookie);
```

第一条语句创建一个名为 UserName 的 Cookie，值为"张三"。第二条语句将新的 Cookie 添加到 Response 对象的 Cookie 集合中。因此，会话 Cookie 是添加到浏览器的内存中，但并不记录在一个文件中。用户关闭浏览器后，Cookie 也就从内存中清除了。

注意

> Cookie 仅可存储字符串类型的值，任何非字符串类型的值应在将它存储到 Cookie 之前转换为字符串类型。

通过访问 Request 对象的 Cookie 集合可读取现有的 Cookie。下面代码演示如何读取在上面代码段中创建的 Cookie。

```
Response.Write(Request.Cookies["UserName"].Value);
```

Value 属性将 Cookie 的值以字符串的形式返回。

5.4.2 创建并读取一个持久性 Cookie

持久性 Cookie 与会话 Cookie 类似，但前者具有生命周期，即它有固定的过期日期。浏览器会将持久性 Cookie 保存在硬盘上形成特殊文件。持久性 Cookie 经常用于存储用户名或用户 ID 等信息，这样，当用户再次访问该网站时，服务器可识别出这一用户。

以下代码演示如何创建持久性 Cookie。

```
HttpCookie objHttpCookie = new HttpCookie("UserName","张三");
objHttpCookie.Expires = DateTime.Now.AddMinutes(2);
Response.Cookies.Add(objHttpCookie);
```

第一条语句创建一个名为 UserName 的 Cookie，第二条语句用 Cookie 的 Expires 属性将 Cookie 的过期时限设置为两分钟。

读取持久性 Cookie 的方式与读取会话 Cookie 类似，以下代码读取在上述代码中创建的持久性 Cookie。

```
Response.Write(Request.Cookies["UserName"].Value);
```

我们在使用 Cookie 的时候需要酌情考虑如下限制。
- Cookie 不提供任何安全保障，因为它由客户端系统控制，若客户禁止用 Cookie，则它的存储功能就不能使用。
- 对于单个网站，浏览器最多可容纳 20 个 Cookie，而对于多个不同网站，操作系统最多可容纳 400 个 Cookie。
- 单个 Cookie 变量可保留最多 4KB 的数据。

5.5 Session 对象

正如前面所述，由于 Cookie 有不安全因素存在，Application 又占用服务器的资源，为了克服这些弊端，所以设计了 Session 对象。当新用户请求应用程序的网页时，Server 对象会检查请求是否包含 SessionID。如果 SessionID 包含在请求中，Server 对象会检查用户是否处于活动状态，并被允许继续访问该应用程序。如果 Server 对象不能识别 HTTP 标头的 SessionID，则 Server 对象会为用户创建一个新 Session 对象。

Session 对象用于存储用户的信息，此信息将在用户会话期间保留，当用户在同一应用程序中从一个页面浏览到另一个页面时，存储在 Session 对象中的变量不会被丢弃。对象会在用户放弃会话或会话超时的时候被清除。

Session 对象的特点如下。
- Session 对象包含特定的某个用户信息。此信息不能共享或由应用程序的其他用户访问。
- 当用户向服务器发出请求时，用户 ID 会在客户端和服务器之间传送。因此，在用户会话期间可以记录并监视用户的特定信息。
- 当会话过期或终止时，服务器会自动清除 Session 对象。

5.5.1 Session 变量

Session 变量与 Application 变量不同，Session 变量仅提供给会话中特定的用户，应用程序的其他用户不能访问或修改不属于自己的 Session 变量。而应用程序的其他用户可访问和修改 Application 变量。

Session 变量可用于存储在整个用户会话过程中都可以访问的值。例如，在用户登录时，可以将用户名存储在 Session 变量中，然后通过应用程序页面访问该变量。

(1) 在 VS 2008 中新建一个 Example5_3 网站。
(2) 在网站中添加 SessionVariableWelcome.aspx。
(3) 在网站中添加 SessionVariableNew.aspx 并添加表 5-3 中的控件。

单元五 Application、Cookie和Session对象

表 5-3 控件的属性

控件类型	属性	值
TextBox	ID	txtName
	MaxLength	5
TextBox	ID	txtPwd
	TextMode	Password
Button	ID	btnLogin
	Text	登录
RequiredFieldValidator	ControlToValidate	txtName
	ErrorMessage	姓名不能为空
	Text	*
RequiredFieldValidator	ControlToValidate	txtPwd
	ErrorMessage	密码不能为空
	Text	*

(4) 在 SessionVariableNew.aspx.cs 文件的 btnLogin_Click 中添加如下代码。

```
protected void btnLogin_Click(object sender, System.EventArgs e)
{
    if (this.txtName.Text == "张三" && this.txtPwd.Text == "123456")
    {
        Session["UserName"] = this.txtName.Text.Trim();
        Response.Redirect("SessionVariableWelcome.aspx?pwd="
                + this.txtPwd.Text);
    }
    else
    {
        ClientScript.RegisterStartupScript(this.GetType(),
            "loginerr", "alert('用户名或密码不对，请检查！');",true);
    }
}
```

(5) 在 SessionVariableWelcome 页面的 Page_Load 事件处理程序中添加如下代码。

```
protected void Page_Load(object sender, EventArgs e)
{
    if (Session["UserName"] == null
        || Session["UserName"].ToString() == "")
    {
        Response.Redirect("SessionVariableNew.aspx");
    }
    else
    {
```

```
            string info = "欢迎光临 " + Session["username"] +
                ", 你的密码是: " + Request["pwd"];
            Response.Write(info);
        }
    }
```

输出结果如图 5-4 和图 5-5 所示。

图 5-4

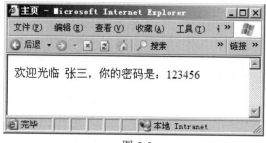

图 5-5

5.5.2 Session 对象

Session 对象会使用两个事件来记录用户是进入或退出一个 ASP.NET 应用程序，当新的用户访问一个应用程序时，就会激活 Session_Start 事件；当用户退出该应用程序时，就会触发 Session_End 事件；这两个事件都在 Global.asax 文件中声明，并且可包括为响应这些事件而执行的代码。

Session_Start 事件通常用来设定用户会话持续时间的属性。此时，也可以检索 Cookie 信息。

Session_End 事件会在当前会话关闭时触发。此时，它和浏览器没有交互。如果用户没有发出任何新的 HTTP 请求，它们就会终止，系统会处理新的请求。如果对 Session_End 事件的 Request 或 Response 对象进行任何引用，则会生成错误。但是，我们仍可引用 Application 对象。

Session 对象是 Application 对象的子集。当 ASP.NET 应用程序终止后，附属的 Session 对象也会被清除。如果用户在会话超时后发出任何新的请求，Web 服务器将创建新的会话并将用户当作新用户。

5.5.3 Session 对象的属性和方法

Session 对象的方法和属性用于记录并管理用户信息。

表 5-4 列出了 Session 对象的某些常用属性。

单元五 Application、Cookie和Session对象

表 5-4 Session 对象的常用属性

属 性	说 明
SessionID	包含一个唯一的用户会话标识符。它用于在整个会话过程中记录用户信息。要检索 SessionID，可使用 Session.SessionID
Timeout	用于设置用户超时的时间。即它以分钟为单位指定 Session 对象在释放资源以前能够保持闲置的持续时间。用户可导航至另一个站点而不必关闭该应用程序。如果设定了超时属性，则未参与的用户会话被清除，并由此释放服务器上的资源。默认值为 20 分钟。我们能通过在 ASPX 文件中赋值以更改此设置。例如，<%Session.Timeout=10%>
LCID	用于设置本地标识符。这可存储本地信息，如日期、货币和时间格式。例如，Session.LCID=0x040C 将本地标识符设置为法国本地标识符
IsNewSession	会话是否是与当前请求一起创建的。如果已按当前请求创建会话，那么该属性将返回 True

注意

在使用会话状态的 ASP.NET 应用程序中，用于控制资源使用的 Session.Abandon()方法是十分重要的，该方法的作用是立即结束用户会话。如果用会话存储应用程序数据，那么应该实现一个调用 Session.Abandon()方法的注销功能，并尽可能地方便用户访问该功能。实现此功能可避免用户在退出应用程序后长时间占用资源。

【单元小结】

- Global.asax 文件包含 Application_Start、Application_End、Session_Start、Session_End 等事件。
- Application 对象是存储于服务器的全局变量。
- Cookie 存储信息于客户端。
- 当开始一个新会话时会激活 Session_Start 事件，而用户退出应用程序时会触发 Session_End 事件。

【单元自测】

1. Global.asax 的( )事件在每次页面请求开始时触发。
   A. Application_EndRequest B. Application_Start
   C. Application_BeginRequest D. Session_Start
2. 对于每个访问应用程序的用户，会启动单个( )。
   A. Server B. Session C. 应用程序 D. 请求

3. 对象(　　)用 HttpApplicationState 类表示。
   A. Session　　　　　B. Application　　C. Server　　　　D. 全局
4. 应用程序中的所有页面均可以访问(　　)变量。
   A. Session　　　　　B. Application　　C. Server　　　　D. ViewState
5. (　　)和(　　)方法用于确保应用程序级变量不会同时被多个用户更新。
   A. Block() Unblock()　　　　B. Lock() UnLock()
   C. Server() Session()　　　　D. Lock() Key()

【上机实战】

上机目标

- 综合利用 Session、Application 和 Cookie 对象来实现常见功能
- 使用 Cookie 对象实现在一段时间内自动登录功能
- 使用 Session 实现购物车功能

上机练习

◆ 第一阶段 ◆

练习1：为 eshop 电子商务网站实现管理员登录功能

数据库脚本如下：

```
use eshop
go
--网站管理员登录的账号信息表
create table admin
(
    username varchar(20) primary key,
    password varchar(20) not null
)
go
--添加一个默认管理员
insert into admin values('admin','123456')
```

【问题描述】

管理员可以一次登录后在两个星期内不需要再次登录。网站应该记录下管理员的登录信息。

【问题分析】

可以把登录信息(管理员的登录名)存放到持久性 Cookie 中。下次浏览该网站网页时直接读取 Cookie 的值，如果不存在则要求重新登录，如果存在则直接使用。

【参考步骤】

(1) 打开 eshop 电子商务网站。
(2) 添加 AdminLogin.aspx 窗体，并设计为如图 5-6 所示。
(3) 页面控件如表 5-5 所示。

图 5-6

表 5-5 页面控件及属性

控件	属性	值
TextBox	ID	txtName
TextBox	ID	txtPwd
	TextMode	Password
CheckBox	ID	chkNoLogin
	Text	两周内不用登录
Button	ID	btnLogin
	Text	登录

(4) 在登录按钮的 Click 事件中添加如下代码。

```csharp
protected void btnLogin_Click(object sender, EventArgs e)
{
    string sql = "select * from admin
    where username=@username and password=@password";
    SqlDataAdapter sda = new SqlDataAdapter(sql, constr);
    sda.SelectCommand.Parameters.AddWithValue("@username",this.txtName.Text);
    sda.SelectCommand.Parameters.AddWithValue("@password", this.txtPwd.Text);
    DataTable dt = new DataTable();
    sda.Fill(dt);
    if (dt.Rows.Count == 1)
    {
        //用 Cookie 记录当前登录的管理员
        HttpCookie cookie = new HttpCookie("admin");
        cookie.Value = this.txtName.Text;
        //创建持久 Cookie
        if (this.chkNoLogin.Checked)
        {
            cookie.Expires = DateTime.Now.AddDays(14);
        }
        Response.Cookies.Add(cookie);
        //跳转到管理页面
        Response.Redirect("~/AdminIndex.aspx");
    }
```

```
            else
            {
                this.ClientScript.RegisterStartupScript(this.GetType(),
                    "adminloginerr", "alert('用户名或密码错误！');", true);
            }
}
```

(5) 添加管理员管理网站的页面 AdminIndex.aspx，并设计为如图 5-7 所示。

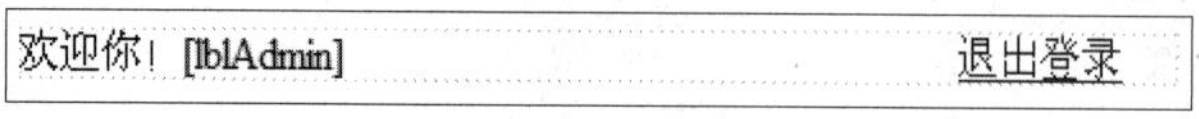

欢迎你！[lblAdmin]　　　　　　　　　　　　　　　　　退出登录

图 5-7

(6) 在 AdminIndex 页面的 Page_Load 事件中添加如下代码。

```
protected void Page_Load(object sender, EventArgs e)
{
    if (Request.Cookies["admin"] == null)
        Response.Redirect("~/AdminLogin.aspx");
    else
        lblAdmin.Text = Request.Cookies["admin"].Value;
}
```

(7) 在 AdminIndex 页面的"退出登录"按钮的 Click 事件中添加如下代码。

```
protected void lnbLogOut_Click(object sender, EventArgs e)
{
    //立即结束会话
    Session.Abandon();
    Response.Redirect("~/AdminLogin.aspx");
}
```

(8) 运行网站，先访问 AdminIndex 页面会发现自动跳转到 AdminLogin 页面，在该页面选中"两周内不用登录"并成功登录后跳转到 AdminIndex 页面，单击"退出登录"，则再次跳转到登录页面。关闭浏览器后重新直接访问 AdminIndex 页面，发现不会跳转到登录页面。

练习 2：为 eshop 电子商务网站实现购物车

【问题描述】

客户从商品列表中选择商品，添加到购物车，可以查看购物车信息。非登录客户也可以使用该功能，下订单时才需要具体的客户信息。

【问题分析】

使用 BulletedList 控件列出所有可供购买的商品，客户选择一种商品后输入购买数量，然后就可以把商品放入购物车，使用 Session 来充当购物车。客户可以选择是继续购买还是查看购物车中的商品。

【参考步骤】

(1) 打开 eshop 电子商务网站。

(2) 添加商品列表页面 ProductList.aspx，该页面代码如下。

```
<html xmlns="http://www.w3.org/1999/xhtml">
<head runat="server">
    <title>商品列表</title>
</head>
<body>
    <form id="form1" runat="server">
<div>
<!--把每种商品都显示成一个 LinkButton-→
        <asp:BulletedList ID="blProducts" runat="server"
            DisplayMode="LinkButton" OnClick="blProducts_Click">
        </asp:BulletedList>
</div>
</form>
</body>
</html>
```

(3) 在页面加载时显示所有商品列表。

```
private string constr
            = ConfigurationManager.ConnectionStrings["eshopconstr"]
            .ConnectionString;
protected void Page_Load(object sender, EventArgs e)
{
    if (!Page.IsPostBack)
    {
        string sql = "select * from products";
        SqlDataAdapter sda = new SqlDataAdapter(sql, constr);
        DataTable dt = new DataTable();
        sda.Fill(dt);
        this.blProducts.DataSource = dt.DefaultView;
        this.blProducts.DataTextField = "productName";
        this.blProducts.DataValueField = "productid";
        this.blProducts.DataBind();
    }
}
```

(4) 由于每种商品都显示成一个 LinkButton，则单击该 LinkButton 可以跳转到添加到购物车页面，需要使用 BulletedList 的 Click 事件。

```
protected void blProducts_Click(object sender, BulletedListEventArgs e)
{
    //获取要购买的商品的编号
    string pid = this.blProducts.Items[e.Index].Value;
```

```
        //跳转到添加到购物车页面
        Response.Redirect("~/AddToCart.aspx?pid=" + pid );
}
```

(5) 在网站中添加"添加到购物车"页面 AddToCart.aspx,并设计为如图 5-8 所示。

图 5-8

在该页面中有两个验证控件都用来验证本次购买数量,单击"添加到购物车"按钮时应该激发这两个验证控件,但查看购物车不需要本次购买数量信息,所以单击"查看购物车"按钮时应该不激发这两个验证控件,这可以通过分组来完成。控件属性如表 5-6 所示。

表 5-6 AddToCart 页面控件及属性

控 件	属 性	值
Label	ID	lblName
TextBox	ID	txtAmount
	ValidationGroup	add
RequiredFieldValidator	ControlToValidate	txtAmount
	Display	Dynamic
	ErrorMessage	*
	ValidationGroup	add
RangeValidator	ControlToValidate	txtAmount
	Display	Dynamic
	ErrorMessage	请输入数量
	ValidationGroup	add
	MaximumValue	100
	MinimumValue	1
	Type	Integer
Button	ID	btnAddToCart
	Text	添加到购物车
	ValidationGroup	add
HyperLink	ID	hylBuy
	NavigateUrl	~/ProductList.aspx
	Text	继续购物
Button	ID	btnShowCart
	Text	查看购物车
Literal	ID	ltrCart

(6) AddToCart 在显示时需要把将要添加到购物车的商品的名称显示出来。

```csharp
protected void Page_Load(object sender, EventArgs e)
{
    string pid = Request.QueryString["pid"];
    string pname = GetProductNameByID(pid);
    this.lblName.Text = pname;
}
//根据商品编号返回商品名称
private string GetProductNameByID(string pid)
{
    string constr
        = ConfigurationManager.ConnectionStrings["eshopconstr"].ConnectionString;
    string sql = "select productname from products where productid=" + pid;
    SqlDataAdapter sda = new SqlDataAdapter(sql, constr);
    DataTable dt = new DataTable();
    sda.Fill(dt);
    return dt.Rows[0][0].ToString();
}
```

(7) 用 Session 充当购物车，购物车中的数据就是商品编号和对应数量，使用 Dictionary<string,int>结构来存储，"添加到购物车"按钮的 Click 事件如下。

```csharp
protected void btnAddToCart_Click(object sender, EventArgs e)
{
    string pid = Request.QueryString["pid"];
    int amount = int.Parse(this.txtAmount.Text);
    Dictionary<string, int> dicCart = null;
    if (Session["cart"] == null)
        dicCart = new Dictionary<string, int>();
    else
        dicCart = Session["cart"] as Dictionary<string, int>;
    //检查购物车中是否已经存在该商品，如果存在则直接修改商品数量
    if (dicCart.ContainsKey(pid))
        dicCart[pid] = dicCart[pid] + amount;
    else
        dicCart[pid] = amount;
    //把购物车信息存放到 Session 中，这样在其他页面也可以使用购物车数据
    Session["cart"] = dicCart;
}
```

(8) "查看购物车"按钮的 Click 事件如下。

```csharp
protected void btnShowCart_Click(object sender, EventArgs e)
{
```

```
this.Title = "查看购物车信息";
if (Session["cart"] == null)
{
    this.ltrCart.Text = "你还没有购买任何商品！";
    return;
}
Dictionary<string, int> dicCart
  = Session["cart"] as Dictionary<string, int>;
string info = "商品编号 商品名称 购买数量<br>";
foreach (KeyValuePair<string, int> pair in dicCart)
{
    info += pair.Key + " "
          + GetProductNameByID(pair.Key) + " " + pair.Value+"<br>";
}
this.ltrCart.Text = info;
}
```

(9) 运行程序，结果如图 5-9～图 5-11 所示。

图 5-9

图 5-10

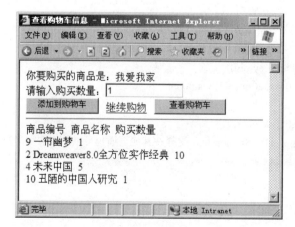

图 5-11

◆ **第二阶段** ◆

练习：修改第一阶段练习2

使用 Cookie 来存储购物车数据。

【拓展作业】

创建一个具有用户登录和注册的聊天系统，其中数据库设计如表 5-7 和表 5-8 所示，要求用 Session 存储用户姓名，用 Application 存储在线人数和总人数，注意配合 Global.asax 文件的使用。要求：能够查看历史聊天信息及下载聊天信息。

表 5-7 聊天内容表 Content

列 名	数据类型	约 束	说 明
no	integer	主键	编号
fromUser	varchar(20)		聊天发起者
toUser	varchar(20)		聊天接收者
content	varchar(255)	not null	聊天内容
createDate	datetime	not null	聊天日期时间
description	varchar(255)		说明

表 5-8 用户表 User

列 名	数据类型	约 束	说 明
userName	varchar(20)	主键	用户名
userPwd	varchar(20)	not null	密码
description	varchar(255)		说明

单元六 数据绑定技术

课程目标

- ▶ 了解数据绑定控件
- ▶ 掌握 GridView 控件的使用
- ▶ 掌握 GridView 的绑定列的使用
- ▶ 掌握 GridView 的模板列的使用
- ▶ 了解数据的排序与分页

 **简介**

数据绑定是 ASP.NET 的重要组成技术,在网站或页面程序中,如果想要展现简单的数据信息,可以使用一般的简单控件,如文本框控件、标签控件。但是,如果需要展现相对复杂的列表信息、表单信息时,数据绑定技术就发挥作用了。有了数据绑定控件,使得将数据源绑定到它们并将数据以各种形式展现出来变得十分方便。

6.1 数据绑定概述

"数据绑定"的意思是将控件与存储在数据源中的信息绑定在一起。数据源可以像页面上的公共属性那样简单,也可以像存储在服务器上的数据库那样复杂。ASP.NET 引入了新的声明性数据绑定语法,这种非常灵活的语法允许开发人员不仅可绑定到数据源,而且可以绑定到属性、集合、表达式,还可以绑定到从方法调用返回的结果。

在 .NET Framework 中,许多类可以作为应用程序或控件的数据源,作为 Web 控件数据源的类可以是以下几种。

- 面向数据库的类:DataSet、DataTable、DataReader、DataView 等。
- .NET 中集合类:数组、列表、哈希表、队列、堆栈、字典等。
- 用户自定义的数据结构,这些数据结构必须符合 ICollection 接口。

在 ASP.NET 应用程序开发中,数据绑定是一种全新的技术,通过它可以将程序中的执行数据与页面中的属性、集合、表达式以及方法返回结果绑定在一起。数据绑定表达式为页面的任何属性(包括服务器控件属性)和数据源之间创建绑定。其中数据绑定表达式可以包含在服务器端控件的开始标记的属性/值对中,或在页面的任何位置。数据绑定表达式必须包含在<%#和%>字符之间。对于属性、集合或方法返回值具有不同的语法形式,如下所示。

- 单向绑定属性:<%# Eval("属性名") %>。
- 双向绑定属性:<%# Bind("属性名") %>。
- 绑定集合:<asp:ListBox DataSource='<%# 集合 %>' runat="server" />。
- 绑定到表达式:<%# (int)Eval("属性名") - (int)Eval("属性名") %>。
- 绑定方法返回值:<%#方法(参数 1,…) %>。

要想在控件的绑定属性中显示求出的值,就需要手动调用 DataBind()方法。ASP.NET 页面中每一个控件都支持这种方法,当在父控件上调用 DataBind()方法时,它级联到该控件的所有子控件。用户可使用该方法在后台代码编辑区绑定控件。

6.2 数据源控件简介

数据源控件主要用于实现从不同数据源获取数据的功能，其中包括连接到数据源，使用 SQL 语句获取和管理数据等。从本质上讲，数据源控件替代了连接数据源、执行 SQL 语句、获取数据结果等具有重复性特征的代码。使用 Visual Studio 2008 编写包含数据源控件的页面时，凭借新控件强大的功能以及设计时支持，几乎可以不编写代码就完成检索和绑定数据的任务。甚至对数据进行排序、分页或编辑等方面的代码也大幅度减少。

所有的数据源控件从 System.Web.UI.DataSourceControls 类派生而来，图 6-1 是数据源控件类的层次结构图。

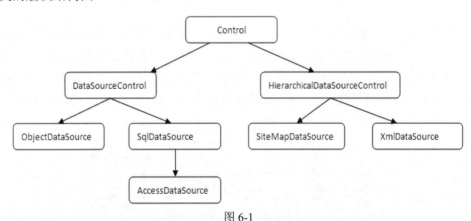

图 6-1

根据基类的不同，可以将数据源控件分为两种：普通数据源控件和层次化数据源控件。如图 6-1 所示，继承 DataSourceControl 的控件是普通数据源控件，继承自 HierarchicalDataSourceControl 的控件是层次化数据源控件。数据源控件是管理连接到数据源以及读取和写入数据等任务的 ASP.NET 控件。数据源控件不呈现任何用户界面，而是充当特定数据源(如数据库、业务对象或 XML 文件)与 ASP.NET 网页上的其他控件之间的中间方。数据源控件实现了丰富的数据检索和修改功能，其中包括查询、排序、分页、筛选、更新、删除以及插入。ASP.NET 包括表 6-1 所示数据源控件。

表 6-1 数据源控件列表

名 称	说 明
AccessDataSource	使用户能够处理 Microsoft Access 数据库
LinqDataSource	使用此控件，可以通过标记在 ASP.NET 网页中使用语言集成查询(LINQ)，从数据对象中检索和修改数据，支持自动生成选择、更新、插入和删除命令。该控件还支持排序、筛选和分页
ObjectDataSource	允许用户使用业务对象或其他类，并创建依赖于中间层对象来管理数据的 Web 应用程序
SiteMapDataSource	与 ASP.NET 站点导航结合使用

(续表)

名称	说明
SqlDataSource	使用户能够处理 ADO.NET 托管数据提供程序，该提供程序提供对 Microsoft SQL Server、OLE DB、ODBC 或 Oracle 数据库的访问
XmlDataSource	使用户能够处理 XML 文件，该 XML 文件对诸如 TreeView 或 Menu 控件等分层 ASP.NET 服务器控件极为有用

6.3 数据绑定控件简介

数据绑定控件将数据以标记的形式呈现给请求数据的浏览器。数据绑定控件可以绑定到数据源控件，并自动在页面请求生命周期的适当时间获取数据。数据绑定控件可以利用数据源控件提供的功能，包括排序、分页、缓存、筛选、更新、删除和插入。数据绑定控件通过其 DataSourceID 属性连接到数据源控件。数据绑定控件的层次结构图如图 6-2 所示。

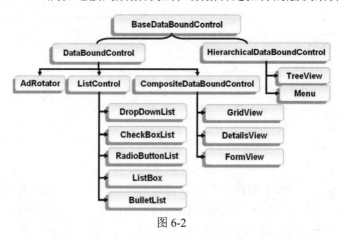

图 6-2

可以看出数据绑定控件同样分为两大类：普通绑定控件和层次化绑定控件。其中普通控件又分为标准型控件、列表型控件和复合控件。通常，复合控件用于表格的显示。下面对常用的数据绑定控件进行简要说明，如表 6-2 所示。

表 6-2 常用的数据绑定控件

控件名称	说明
GridView	GridView 以表的形式显示数据，并支持在不编写代码的情况下对数据进行编辑、更新、删除、排序和分页
DetailsView	DetailsView 控件一次呈现一条表格形式的记录，并提供翻阅多条记录以及插入、更新和删除记录的功能。DetailsView 控件通常用在主/详细信息方案中，在这种方案中，主控件(如 GridView 控件)中的所选记录决定了 DetailsView 控件显示的记录

(续表)

控件名称	说 明
FormView	FormView 控件与 DetailsView 控件类似，它一次呈现数据源中的一条记录，并提供翻阅多条记录以及插入、更新和删除记录的功能。不过，FormView 控件与 DetailsView 控件之间的差别在于：DetailsView 控件使用基于表格的布局，而 FormView 则使用自定义布局
Repeater	Repeater 控件使用数据源返回的一组记录呈现只读列表。Repeater 控件使用自定义布局
DataList	DataList 控件以表的形式呈现数据，通过该控件，用户可以使用不同的布局来显示数据记录，例如，将数据记录排成列或行的形式。用户可以对 DataList 控件进行配置，使用户能够编辑或删除表中的记录(DataList 控件不使用数据源控件的数据修改功能，必须自己提供此代码)
DropDownList	DropDownList 下拉菜单控件，供用户进行下拉选择
TreeView	TreeView 以可展开节点的分层树的形式呈现数据
Menu	Menu 在可以包括子菜单的分层动态菜单中呈现数据

6.4 GridView 控件

GridView 控件以表格的形式显示数据，并提供对数据进行排序、选择、编辑和删除的功能。可以在多种情况下，对显示出的表格进行处理。同时控件支持绑定列控件，可以通过数据的模板列，完成更复杂的需求。

使用 GridView 控件可以完成下面的功能。
- 通过数据源控件将数据绑定到 GridView 控件。
- 对 GridView 控件内的表格数据进行选择、编辑和删除操作。
- 对 GridView 控件内的表格数据进行排序。
- 对 GridView 控件内的数据进行分页显示。
- 通过指定 GridView 控件的模板列，创建自定义的用户界面。
- 通过 GridView 控件提供的事件模型，完成用户复杂的事件操作。
- 可以自定义数据显示的列和行的显示风格。

GridView 控件是表格控件，所以它将数据以二维表的形式展现出来，控件的每一行即为每条数据，而列则为表格中对应的数据列。GridView 控件的列字段，是由一个 DataControlField 对象表示的。

6.4.1 数据行类型

GridView 控件以表格形式显示从数据源中获取的数据集合。作为一个由 GridView 控件呈现的表格，其基本组成元素是数据行。根据行所处的位置、实现的功能等，数据行可以分为 8 种类型：表头行、交替行、空数据行、选中行、编辑行、数据行、表尾行、分页行。如图 6-3 所示是 GridView 数据行。

为了提高灵活性，GridView 控件将这些数据行作为对象来处理。所有数据行对象，其类型是 GridViewRow。另外，对于不同的数据行，GridView 还定义了不同的对象实现访问。例如，对于表头行，使用 HeaderRow 对象；对于表尾行，使用 FooterRow；对于选中行，使用 SelectedRow 对象；对于分页行，使用 TopPagerRow 和 BottomPagerRow 对象。通过编程方式，可以访问和处理这些 GridViewRow 类型对象。

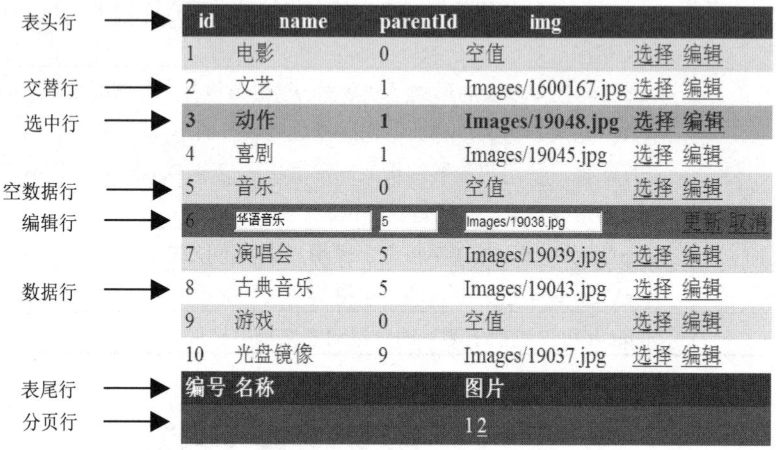

图 6-3

6.4.2 数据绑定列类型

GridView 控件是用来展现的表格控件，它的列一共分为 7 种不同的类型，每个类型的列适用的场景各不同，表 6-3 中列出了可以使用的不同列类型。

表 6-3 数据绑定列类型

控件名称	说 明
BoundField	显示数据源中某个字段的值，是 GridView 控件的默认列类型
ButtonField	为 GridView 控件中的每个项显示一个命令按钮。可以创建一列自定义按钮控件，如"添加"按钮或"移除"按钮
CheckBoxField	为 GridView 控件中的每一项显示一个复选框。此列字段类型通常用于显示布尔值的字段
CommandField	显示用来执行选择、编辑或删除操作的预定义命令按钮
HyperLinkField	将数据源中某个字段的值显示为超链接。此列字段类型允许将另一个字段绑定到超链接的 URL 中
ImageField	为 GridView 控件中的每一项显示一个图片
TemplateField	根据指定的模板为 GridView 控件中的每一项显示用户定义的内容。此列字段类型允许创建自定义字段

- BoundField：该类型列应用比较广泛也比较简单，它直接绑定到数据库中的某个字段，完成该字段在表格中的显示。
- ButtonField：可以创建自定义的按钮事件，通过事件的触发，完成自定义的业务逻辑。
- CheckBoxField：将数据源中的布尔类型，以 CheckBox 的形式显示出来，所以它只能用来显示布尔类型的数据。
- CommandField：提供了已经定义好的选择、编辑、更新、取消操作，每种操作只需要稍加配置就可以完成数据操作。CommandField 提供的功能也可以通过 BoundField 列来完成。可以理解为 CommandField 是 ButtonField 已经封装好的子类型。
- HyperLinkField：将数据源中的某个字段显示为超链接的形式，链接中可以将其他列的数据信息格式化到该链接参数中，来组成链接的参数。
- ImageField：提供了图片的 URL 地址属性，可以将表格中某一列展现为图片。
- TemplateField：可以放置多种控件，可以通过该类型的列，实现表格中显示下拉列表、复选框等复杂的需求。

6.4.3 数据的显示

GridView 控件可绑定到数据源控件，如 SqlDataSource、ObjectDataSource 等。只要实现了 System.Collections.IEnumerable 接口的任何数据源(例如：System.Data.DataView、System.Collections.ArrayList 或 System.Collections.Hashtable)，就可以直接将数据绑定到 GridView 控件中。

若要绑定到某个数据源控件，需要将 GridView 控件的 DataSourceID 属性设置为该数据源控件的 ID 值。GridView 控件自动绑定到指定的数据源控件，并且可利用该数据源控件的功能来执行排序、更新、删除和分页功能。这是绑定到数据的首选方法。

若要绑定到某个实现 System.Collections.IEnumerable 接口的数据源，请以编程方式将 GridView 控件的 DataSource 属性设置为该数据源，然后调用 DataBind()方法。当使用此方法时，GridView 控件不提供内置的排序、更新、删除和分页功能。需要使用适当的事件提供此功能。

6.4.4 绑定列

数据绑定控件(如 GridView 和 DetailsView)使用 BoundField 类以文本显示字段的值。根据在其中使用 BoundField 对象的数据绑定控件，该对象会以不同的方式显示。例如，GridView 控件将 BoundField 对象显示为一列，而 DetailsView 控件则将该对象显示为一行。

若要指定在 BoundField 对象中显示的字段，请将 DataField 属性设置为字段的名称。通过将 HtmlEncode 属性设置为 true，可以在显示字段的值之前对其进行 HTML 编码。通过设置 DataFormatString 属性，可以将自定义格式化字符串应用到字段的值。当 HtmlEncode 属性为 true 时，将在自定义格式字符串中使用字段的编码字符串值。默认情况下，只有当数据绑定控件处于只读模式时，格式化字符串才能应用到字段值。当数据绑定控件处于编辑模式时，若要将格式化字符串应用到显示的值，请将 ApplyFormatInEditMode 属性设置为 true。如果字段的值为空，则可以通过设置 NullDisplayText 属性显示自定义标题。通过将 ConvertEmptyStringToNull 属性设置为 true，BoundField 对象，也可以将空字符串 ("") 字段值自动转换为空值。

通过将 Visible 属性设置为 false，可以在数据绑定控件中隐藏 BoundField 对象。若要防止字段的值在编辑模式中被修改，则将 ReadOnly 属性设置为 true。在支持插入记录的数据绑定控件(如 DetailsView 控件)中，通过将 InsertVisible 属性设置为 false，可以隐藏 BoundField 对象。这种情况通常出现在想要在插入模式中隐藏自动生成的键字段时。

可以自定义 BoundField 对象的标头和脚注部分。若要在标头或脚注部分显示标题，请分别设置 HeaderText 或 FooterText 属性。可以通过设置 HeaderImageUrl 属性来显示图像，而不是在标头部分中显示文本。通过将 ShowHeader 属性设置为 false，可以将标头部分隐藏在 BoundField 对象中。

(1) 打开 VS 2008，新建网站 Example6_1。

(2) 删除 Default 页面，添加 Author.aspx 页面，在该页面添加一个名为 dsAuthor 的 SqlDataSDource 控件和一个名为 gvAuthor 的 GridView 控件。切换到设计视图，首先配置数据源控件 dsAuthor，如图 6-4 所示。

① 在"配置数据源"对话框中单击"新建连接"，然后双击 Microsoft SQL Server，如图 6-5 所示。

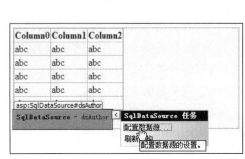

图 6-4

图 6-5

② 选择 Pubs 数据库。单击"确定"按钮，再单击"下一步"按钮，把连接字符串以 author 的名字保存在配置文件中，如图 6-6 所示。

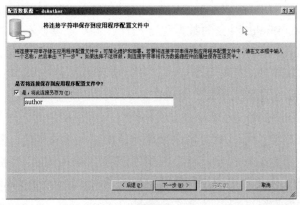

图 6-6

③ 单击"下一步"按钮后选择 authors 表，如图 6-7 所示。

④ 单击"高级"选项，选中"生成 INSERT、UPDATE 和 DELETE 语句"，如图 6-8 所示。

图 6-7

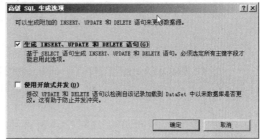
图 6-8

⑤ 依次单击"确定""下一步"按钮后，再单击"完成"按钮，到此数据源配置完成，该数据源具有增删改和全部显示功能。

(3) 接下来配置 gvAuthor 的数据源为 dsAuthor，并启用编辑和删除功能，完成后的页面代码如下。

```
<asp:GridView ID="gvAuthor" runat="server"
        AutoGenerateColumns="False" DataKeyNames="au_id"
        DataSourceID="dsAuthor">
    <Columns>
        <asp:CommandField ShowDeleteButton="True"
            ItemStyle-Width="80px" ShowEditButton="True" />
        <asp:BoundField DataField="au_id" HeaderText="au_id"
            ReadOnly="True" SortExpression="au_id" />
        <asp:BoundField DataField="au_lname" HeaderText="au_lname"
            SortExpression="au_lname" />
        <asp:BoundField DataField="au_fname" HeaderText="au_fname"
            SortExpression="au_fname" />
        <asp:BoundField DataField="phone" HeaderText="phone"
            SortExpression="phone" />
        <asp:BoundField DataField="address" HeaderText="address"
            SortExpression="address" />
        <asp:BoundField DataField="city" HeaderText="city"
            SortExpression="city" />
        <asp:BoundField DataField="state" HeaderText="state"
            SortExpression="state" />
        <asp:BoundField DataField="zip" HeaderText="zip"
            SortExpression="zip" />
        <asp:CheckBoxField DataField="contract"
            HeaderText="contract" SortExpression="contract" />
    </Columns>
</asp:GridView>
```

```xml
<asp:SqlDataSource ID="dsAuthor" runat="server"
    ConnectionString="<%$ ConnectionStrings:pub %>"
    DeleteCommand="DELETE FROM [authors] WHERE [au_id] = @au_id"
    InsertCommand="INSERT INTO [authors] ([au_id], [au_lname],
                    [au_fname], [phone], [address], [city], [state],
                    [zip], [contract]) VALUES (@au_id, @au_lname,
                     @au_fname, @phone, @address, @city, @state,
                     @zip, @contract)"
    SelectCommand="SELECT * FROM [authors]"
    UpdateCommand="UPDATE [authors] SET [au_lname] = @au_lname,
                    [au_fname] = @au_fname, [phone] = @phone,
                    [address] = @address, [city] = @city,
                    [state] = @state, [zip] = @zip,
                    [contract] = @contract WHERE [au_id] = @au_id">
    <DeleteParameters>
        <asp:Parameter Name="au_id" Type="String" />
    </DeleteParameters>
    <UpdateParameters>
        <asp:Parameter Name="au_lname" Type="String" />
        <asp:Parameter Name="au_fname" Type="String" />
        <asp:Parameter Name="phone" Type="String" />
        <asp:Parameter Name="address" Type="String" />
        <asp:Parameter Name="city" Type="String" />
        <asp:Parameter Name="state" Type="String" />
        <asp:Parameter Name="zip" Type="String" />
        <asp:Parameter Name="contract" Type="Boolean" />
        <asp:Parameter Name="au_id" Type="String" />
    </UpdateParameters>
    <InsertParameters>
        <asp:Parameter Name="au_id" Type="String" />
        <asp:Parameter Name="au_lname" Type="String" />
        <asp:Parameter Name="au_fname" Type="String" />
        <asp:Parameter Name="phone" Type="String" />
        <asp:Parameter Name="address" Type="String" />
        <asp:Parameter Name="city" Type="String" />
        <asp:Parameter Name="state" Type="String" />
        <asp:Parameter Name="zip" Type="String" />
        <asp:Parameter Name="contract" Type="Boolean" />
    </InsertParameters>
</asp:SqlDataSource>
```

(4) 由于 GridView 控件没有添加功能，所以我们可以删除 dsAuthor 的 InsertCommand 及对应的 InsertParameters。运行结果如图 6-9 所示。

(5) 单击"删除"按钮可以删除记录，单击"编辑"按钮后结果如图 6-10 所示。

图 6-9

图 6-10

此时可以输入新数据后更新到数据库。

6.4.5 模板列

数据绑定控件(如 GridView 和 DetailsView)使用 TemplateField 类为每个显示的记录显示自定义内容。需要显示某个预定义的数据控件字段(如 BoundField)为提供的数据绑定控件中的内容时，使用 TemplateField 类来创建自定义用户界面(UI)。根据在其中使用 TemplateField 对象的数据绑定控件，该对象会以不同的方式显示。例如，GridView 控件将 TemplateField 对象显示为一列，而 DetailsView 控件则将该对象显示为一行。

可以使用表 6-4 中列出的模板为 TemplateField 对象的不同部分定义自定义模板。

表 6-4 模板列

模 板	说 明
AlternatingItemTemplate	为交替项指定要显示的内容
EditItemTemplate	为处于编辑模式中的项指定要显示的内容
FooterTemplate	为脚注部分指定要显示的内容
HeaderTemplate	为标头部分指定要显示的内容
InsertItemTemplate	为处于插入模式中的项指定要显示的内容。只有 DetailsView 和 FormView 控件支持该模板
ItemTemplate	为选中项指定要显示的内容
SelectedItemTemplate	为选中项指定要显示的内容

上例中作者的姓和名分别用两个字段显示，我们可以将名和姓字段组合到同一个 TemplateField 对象中。按下面的步骤修改上例。

(1) 准备将 au_lname 和 au_fname 转换为模板列，如图 6-11 所示。

(2) 在出现的"字段"对话框中将"选定的字段"部分的 au_lname 和 au_fname 两列删除，在上方的"可用字段"中添加一个 TemplateField 到"选定的字段"中，将该 TemplateField 列移动到第三列并设置属性 HeaderText 为 name，如图 6-12 所示。

图 6-11

图 6-12

(3) 确定后在出现的"GridView 任务"中单击"编辑模板",在出现的 ItemTemplate 中添加两个 Literal 控件,如图 6-13 所示。

(4) 选中 ltrfname 控件,在"Literal 任务"中选择"编辑 DataBindings",在出现的界面中将 ltrfname 控件的 Text 属性绑定到表达式 Eval("au_fname"),如图 6-14 所示。

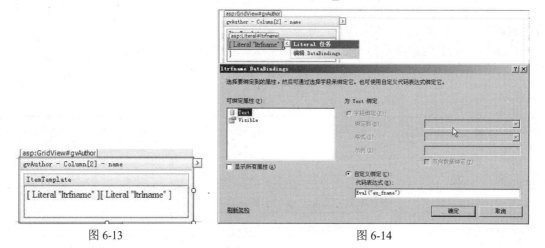

图 6-13　　　　　　　　　　　　　　图 6-14

(5) 同理将 ltrlname 的 Text 属性也绑定到表达式 Eval("au_lname")。到此完成将两个字段合并为一个字段显示的任务。

(6) 由于上例还具有编辑功能,所以我们还必须为合并后的 name 字段设置编辑模板 EditItemTemplate。选择"GridView 任务"的编辑模板 EditItemTemplate,如图 6-15 所示。

(7) 在出现的编辑模板中放入两个 TextBox,如图 6-16 所示。

图 6-15

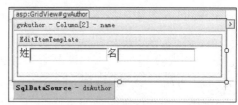
图 6-16

(8) 按 ltrfname 的绑定方法为这两个 TextBox 控件的 Text 属性分别设置绑定表达式 Bind("au_fname")和 Bind("au_lname")，如图 6-17 所示。

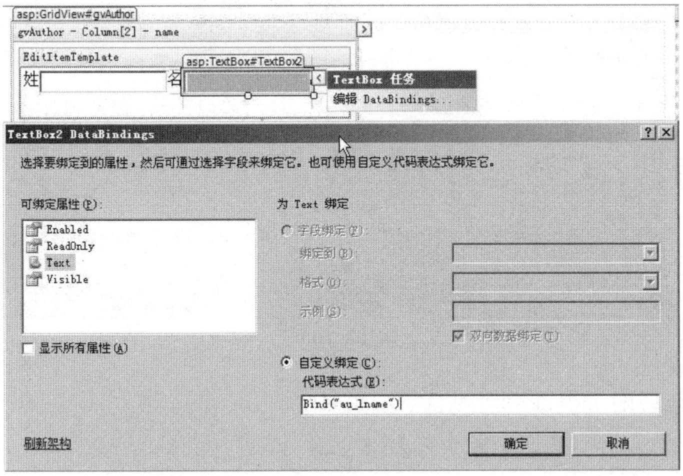

图 6-17

(9) 在"GridView 任务"中单击"结束编辑模板"。到此我们已为 name 字段设置好编辑模板。切换到代码视图，可以看到 VS 2008 自动生成了如下模板代码：

```
<asp:TemplateField HeaderText="name">
    <EditItemTemplate>
        姓<asp:TextBox ID="txtfname" runat="server"
            Text='<%# Bind("au_fname") %>'></asp:TextBox>
        名<asp:TextBox ID="txtlname" runat="server"
            Text='<%# Bind("au_lname") %>'></asp:TextBox>
    </EditItemTemplate>
    <ItemTemplate>
        <asp:Literal ID="ltrfname" runat="server"
            Text='<%# Eval("au_fname") %>'></asp:Literal>
        <asp:Literal ID="ltrlname" runat="server"
            Text='<%# Eval("au_lname") %>'></asp:Literal>
    </ItemTemplate>
</asp:TemplateField>
```

(10) 运行网站，结果如图 6-18 所示。

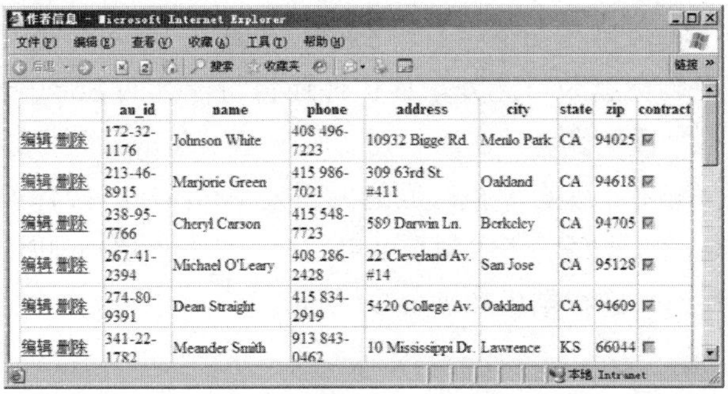

图 6-18

(11) 单击"编辑"按钮，结果如图 6-19 所示。

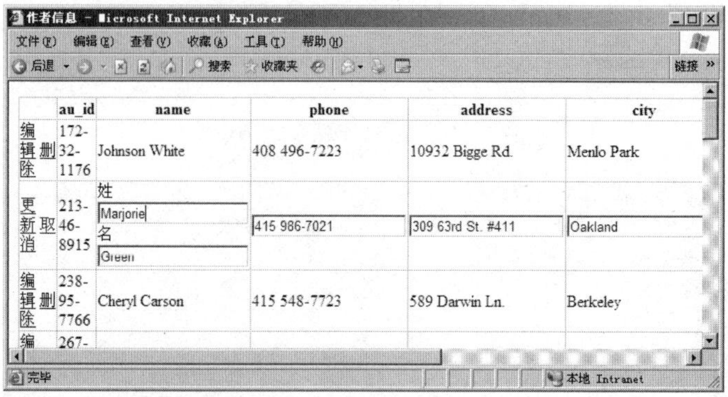

图 6-19

此时输入新数据即可更新到数据库。

6.4.6 数据的排序与分页

在实际的页面中，由于显示的数据量可能非常多，这就需要 GridView 控件提供快速定位记录的功能，为了实现这个功能，GridView 控件可以对数据进行排序和分页的操作。

GridView 控件可自动将数据源中的所有记录分成多页，而不是同时显示这些记录。如果数据源控件支持分页功能，GridView 控件可利用此功能，提供内置的分页功能。分页功能可用于支持 System.Collections.ICollection 接口的任何数据源对象或支持分页功能的数据源。

若要启用分页功能，需要将 AllowPaging 属性设置为 true。默认情况下，GridView 控件在一个页面上一次显示 10 条记录。通过设置 PageSize 属性，可更改每页上所显示记录的数目。若要确定数据源内容所需的总页数，需要使用 PageCount 属性。通过使用 PageIndex 属性，可确定当前显示的页面的索引。启用分页时，会在 GridView 控件中自动显示一个称为页导航行的附加行。

页导航行包含允许用户导航至其他页面的控件。使用 PagerSettings 属性可以控制页导航行的设置。通过设置 Position 属性，页导航行可在控件的顶部、底部或同时在顶部和底部显示。

GridView 控件的排序功能是通过将 GridView 控件的 AllowSorting 属性设置为 true，即可启用该控件中的默认排序行为。将此属性设置为 true，会使 GridView 控件将 LinkButton 控件呈现在列标题中。此外，该控件还将每一列的 SortExpression 属性隐式设置为它所绑定到的数据字段的名称。在运行时，用户可以单击某列标题中的 LinkButton 控件按该列排序。单击该链接会使页面执行回送并引发 GridView 控件的 Sorting 事件。

修改上例，在"GridView 任务"中勾选"启用分页"和"启用排序"，然后将 gvAuthor 的 PageSize 属性设置为 5，运行结果如图 6-20 所示。

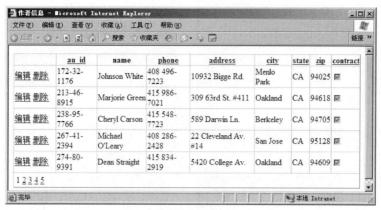

图 6-20

6.5 DetailsView 控件

DetailsView 控件以垂直排列的表格形式一次呈现一条记录，DetailsView 控件通常用在主/详细信息方案中，在这种方案中，主控件(如 GridView 控件)中的所选记录决定了 DetailsView 控件显示的记录。在上例中我们只显示了作者信息，但作者还具有作品信息，并且一个作者可以具有多部作品，我们希望从作者链接到作品列表，再从作品列表中选中一部作品可以看到该作品的详细信息。

在 pubs 数据库中，author 表存放作者信息，titles 表存放作品信息，但这两个表之间没有直接的联系，需要借助作者作品对应关系表 authortitle 来进行链接。

(1) 修改上例，将作者编号 au_id 列转换为 HyperLinkField 列，转换后的代码如下。

```
<asp:HyperLinkField DataNavigateUrlFields="au_id"
    DataNavigateUrlFormatString="~/AuthorTitle.aspx?au_id={0}"
    DataTextField="au_id" HeaderText="au_id" />
```

(2) 在网站中添加作者作品页面 AuthorTitle.aspx，在该页面中添加一个 GridView 控件 gvAT 和一个 SqlDataSource 数据源控件 dsAT，为了显示某作者的作品编号和作品名称，需要从两个表取数据，所以在"配置 Select 语句"时选择"指定自定义 SQL 语句或存储过程"，并配置 Select 语句为 select titleauthor.title_id,title from titleauthor,titles where titleauthor.au_id=@au_id and titleauthor.title_id = titles.title_id，如图 6-21 所示。

(3) 该 SQL 语句包含一个参数@au_id，该参数的值来源于 Author.aspx 传递到本页的 QueryString，所以单击"下一步"按钮后需要将参数源指定为 QueryString，如图 6-22 所示。

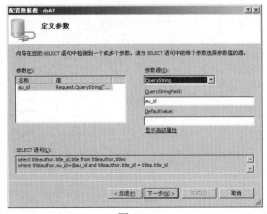

图 6-21　　　　　　　　　　　　　图 6-22

(4) 依次单击"下一步""完成"按钮，数据源配置完成。

(5) 再将 gvAT 的数据源设为 dsAT 即可。由于数据源的 Select 语句是自定义的 SQL 语句，所以生成的 gvAT 没有主键，需要手动添加，设置 gvAT 的 DataKeyNames 属性为 "title_id"，完成后的设计代码如下。

```
<asp:GridView ID="gvAT" runat="server" AutoGenerateColumns="False"
DataSourceID="dsAT" DataKeyNames="title_id">
    <Columns>
        <asp:BoundField DataField="title_id"
HeaderText="title_id" SortExpression="title_id" />
        <asp:BoundField DataField="title"
HeaderText="title" SortExpression="title" />
    </Columns>
</asp:GridView>
<asp:SqlDataSource ID="dsAT" runat="server"
ConnectionString="<%$ ConnectionStrings:pub %>"
SelectCommand="select titleauthor.title_id,title
from titleauthor,titles
where titleauthor.au_id=@au_id
and titleauthor.title_id = titles.title_id">
    <SelectParameters>
        <asp:QueryStringParameter Name="au_id"
QueryStringField="au_id" />
    </SelectParameters>
</asp:SqlDataSource>
```

(6) 运行结果如图 6-23 所示。

(7) 单击第二行的 au_id 列的超链接，跳转到 AuthorTitle.aspx 页面，结果如图 6-24 所示。

图 6-23

图 6-24

（8）为了看到某部作品的详细信息，需要在 AuthorTitle.aspx 页面中再添加一个 DetailsView 控件 dvTitle 和一个为其提供数据的数据源控件 dsTitle。该 DetailsView 控件只显示某一部作品的详细信息，具体显示哪一部作品由用户在 gvAT 中的选择决定，为此需要启用 gvAT 的选择功能(在"GridView 任务"中勾选"启用选定内容")，同时为了显示效果的需要，还要为 gvAT 选择一个内置的样式(在"GridView 任务"中单击"自动套用格式"，然后选择"石板"格式)。下面开始设置 dsTitle 数据源，为了更好地显示作品信息，需要从多个表取数据，所以在配置 Select 语句时同样选择"指定自定义 SQL 语句或存储过程"，并将 Select 语句设置为 SELECT title, type, pubdate, pub_name, price, ytd_sales FROM titles,publishers where titles.pub_id = publishers.pub_id and titles.title_id=@title_id，如图 6-25 所示。

图 6-25

（9）该 SQL 语句也包含一个参数@title_id，该参数的值来源于上面的 GridView 控件 gvAT 选中行的主键(gvAT.SelectedValue 属性得到的就是选中行的主键，这就是为什么在前面一定要设置 gvAT 的主键属性 DataKeyNames 为 title_id)，单击"下一步"按钮后需要将参数源指定为 Control，如图 6-26 所示。

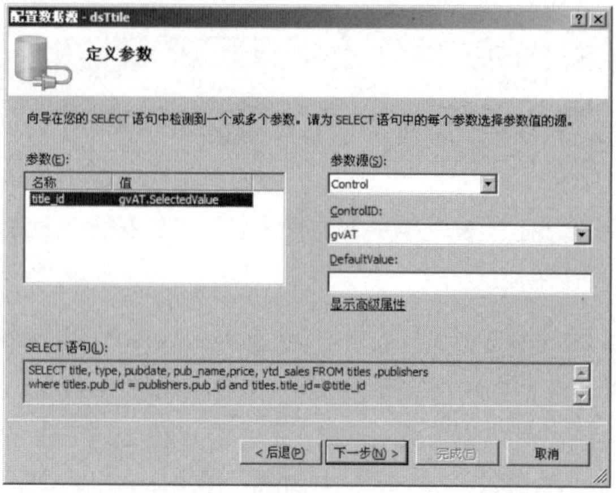

图 6-26

(10) 依次单击"下一步""完成"按钮,并将 dvTitle 的数据源设为 dsTtile 即可。VS 2008 自动为 dvTiltle 和 dsTitle 生成了如下代码。

```
<!--→该行之前是 dvAT 和 dsAT 的代码-→
<hr />
<asp:DetailsView ID="dvTtile" runat="server"
AutoGenerateRows="False" DataSourceID="dsTtile">
    <Fields>
        <asp:BoundField DataField="title" HeaderText="title"
SortExpression="title" />
        <asp:BoundField DataField="type" HeaderText="type"
SortExpression="type" />
        <asp:BoundField DataField="pub_name" HeaderText="pub_name"
SortExpression="pub_name" />
        <asp:BoundField DataField="pubdate" HeaderText="pubdate"
SortExpression="pubdate" />
        <asp:BoundField DataField="price" HeaderText="price"
SortExpression="price" />
        <asp:BoundField DataField="ytd_sales" HeaderText="ytd_sales"
SortExpression="ytd_sales" />
    </Fields>
</asp:DetailsView>
<asp:SqlDataSource ID="dsTtile" runat="server"
ConnectionString="<%$ ConnectionStrings:pub %>"
SelectCommand="SELECT title, type, pub_name, pubdate,price,
ytd_sales FROM titles ,publishers
where titles.pub_id = publishers.pub_id
and titles.title_id=@title_id">
    <SelectParameters>
        <asp:ControlParameter ControlID="gvAT" Name="title_id"
PropertyName="SelectedValue" />
    </SelectParameters>
</asp:SqlDataSource>
```

(11) 运行网站，结果如图 6-27 所示。

(12) 单击第二行的"选择"，结果如图 6-28 所示。

图 6-27　　　　　　　　　　　　　图 6-28

6.6　SqlDataSource 的用法

在上面的事例中一直是把 SqlDataSource 拖放到界面上当成数据源控件使用，其实 SqlDataSource 还可以在后台代码中充当数据源使用，事例代码如下。

```
protected void Button1_Click(object sender, EventArgs e)
{
    SqlDataSource sds = new SqlDataSource("连接字符串", "查询语句");
    DataView dv = (DataView)sds.Select(DataSourceSelectArguments.Empty);
    GridView1.DataSource = dv;
    GridView1.DataBind();
}
```

【单元小结】

- 了解 ASP.NET 3.5 中的各种数据绑定控件。
- 掌握如何用 GridView 控件绑定数据。
- 掌握模板列的设计和使用。
- 了解 DetailsView 控件的作用。

【单元自测】

1. 下列不能设置 GridView 数据源的属性的是(　　)。
   A. DataKeyNames　　　　　　　B. DataSource
   C. DataSourceId　　　　　　　　D. PageSize

2. GridView 的( )模板在编辑数据时起作用。
   A. AlternatingItemTemplate   B. EditItemTemplate
   C. ItemTemplate   D. InsertItemTemplate
3. 下列控件中能一次展示多条数据的有( )。
   A. DataList   B. DetailsView
   C. FormView   D. GridView
4. GridView 不具有下面哪项功能？( )
   A. 添加   B. 删除   C. 修改   D. 显示
5. 下列( )组不能全部充当 SqlDataSource 的参数源。
   A. Cookie 和 Session   B. Control 和 Session
   C. Application 和 Form   D. Form 和 QueryString

【上机实战】

上机目标

- 掌握 GridView 控件的使用
- 掌握 DetailsView 控件的使用
- 掌握 GridView 各种列的使用
- 掌握模板列的使用

上机练习

◆ 第一阶段 ◆

练习1：修改 ProductAdd 页面

在上一单元中我们使用 BulletedList 控件实现了非常简单的商品列表，下面修改 ProductAdd 页面，用 GridView 控件来实现商品列表。

【问题描述】

使用 GridView 分页显示所有商品信息，在最后添加一个表示购买的超链接列，单击超链接则跳转到 AddToCart.aspx 页面，该页面需要一个 SqlDataSource 来为 GridView 提供数据。

【参考步骤】

（1）删除原 ProductAdd 页面，重新添加一个新 ProductAdd 页面，并在该页面中拖放一个 GridView 和一个 SqlDataSource。

(2) 配置 SqlDataSource 的 Select 语句为 SELECT [productID], [productName], [author], [salePrice] FROM [products]。

(3) 设置 GridView 的数据源为已经配置完成的 SqlDataSource 并启用分页功能。

(4) 修改自动生成的 BoundField 列的 HeaderText 属性为中文。

(5) 为 GridView 添加一个 HyperLinkField 列，设置该列的 DataNavigateUrlFields 为 productid，DataNavigateUrlFormatString 为~/AddToCart.aspx?pid={0}，Text 为"购买"，修改完成后的代码如下。

```
<asp:GridView ID="gvProduct" runat="server" AllowPaging="True"
        AutoGenerateColumns="False"  DataKeyNames="productID"
        DataSourceID="dsProduct" PageSize="5">
    <Columns>
        <asp:BoundField ItemStyle-Width="40px" DataField="productID"
            HeaderText="编号" InsertVisible="False"
            ReadOnly="True" SortExpression="productID" />
        <asp:BoundField DataField="productName"
            HeaderText="商品名称" SortExpression="productName" />
        <asp:BoundField DataField="author"
            HeaderText="生产厂家/作者" SortExpression="author" />
        <asp:BoundField DataField="salePrice"
            HeaderText="售价" SortExpression="salePrice" />
        <asp:HyperLinkField ItemStyle-Width="40px"
            DataNavigateUrlFields="productid" Text="购买"
            DataNavigateUrlFormatString="~/AddToCart.aspx?pid={0}"/>
    </Columns>
</asp:GridView>
<asp:SqlDataSource ID="dsProduct" runat="server"
    ConnectionString="<%$ ConnectionStrings:eshopconstr %>"
    SelectCommand="SELECT [productID], [productName], [author],
                [salePrice] FROM [products]">
</asp:SqlDataSource>
```

(6) 运行结果如图 6-29 所示。

图 6-29

练习2：修改 AddToCart.aspx 页面，使用 GridView 来显示购物车的内容

【问题描述】

由于购物车中只存放有商品编号和购买数量信息，而用 GridView 显示时还需要显示商品名称、生产厂家/作者、购买价格等信息，所以需要构造一个 DataTable 来存放要显示的信息，然后绑定到 GridView。

【参考步骤】

(1) 删除 AddToCart 页面的 ltrCart 控件，添加一个 GridView 控件 gvCart，编辑该控件的空数据模板 EmptyDataTemplate。

(2) 在 gvCart 后添加一个 Label 控件 lblTotal 显示总价。

(3) 修改"查看购物车信息"按钮的 Click 事件代码如下。

```csharp
protected void btnShowCart_Click(object sender, EventArgs e)
{
    this.Title = "查看购物车信息";
    decimal total = 0; //存放总价
    Dictionary<string, int> dicCart = Session["cart"] as Dictionary<string, int>;
    if (dicCart == null || dicCart.Count == 0)
    {
        //构造一个空 DataTable 来给 gvCart 充当数据源
        string sqlnull =
                "select productid,productname,author,saleprice,
                 0 as amount from products where 1>1";
        SqlDataAdapter sdanull = new SqlDataAdapter(sqlnull, constr);
        DataTable dtnull = new DataTable();
        sdanull.Fill(dtnull);
        this.gvCart.DataSource = dtnull;
        this.gvCart.DataBind();
        this.lblTotal.Text = "总价：" + total + " 元";
        return;
    }
    //拼接条件语句
    string where = " where productid in (";
    foreach (string pid in dicCart.Keys)
    {
        where += string.Format("{0},", pid);
    }
    where = where.TrimEnd(',');
    where += ")";

    string sql = "select productid,productname,author,saleprice,
         0 as amount from products" + where;
    SqlDataAdapter sda = new SqlDataAdapter(sql, constr);
    DataTable dt = new DataTable();
    sda.Fill(dt);
```

```
foreach (KeyValuePair<string, int> pair in dicCart)
{
    DataRow row = dt.Select("productid=" + pair.Key)[0];
    row["amount"] = pair.Value;
    //计算总价
    total += decimal.Parse(row["saleprice"].ToString()) *
                pair.Value;
}
this.gvCart.DataSource = dt;
this.gvCart.DataBind();
this.lblTotal.Text = "总价：" + total + " 元";
}
```

(4) 执行该网站，结果如图 6-30 所示。

图 6-30

◆ **第二阶段** ◆

练习：为 eshop 实现生成订单功能

提示

在图 6-30 的"查看购物车"按钮后面再添加一个按钮"生成订单"，单击该按钮则跳转到 AddOrder.aspx 页面。如果会员未登录，则单击"生成订单"时先跳转到会员登录页面 CustomerLogin.aspx，登录成功再跳转到 AddOrder 页面。AddOrder 页面效果如图 6-31 所示。

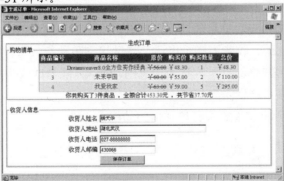

图 6-31

收货人信息默认是当前会员的信息。

订单操作涉及订单表和订单明细表，这两个表的脚本如下。

```sql
--订单表
create table orders
(
    --订单编号是服务器插入数据库的时间，此处使用字符型
    orderID varchar(20) primary key,         --订单编号，由程序生成
    email varchar(20) references customers(email),  --下单人的电子邮件
    receiveName nvarchar(5),                 --收货人姓名
    address nvarchar(100),                   --收货人地址
    phone varchar(20),                       --收货人联系电话
    zip varchar(6),                          --收货人邮政编码
    orderDate datetime default getdate(),    --下订单的时间
    isPaid bit default 0,                    --是否已支付，网上支付后，该字段的值更新为1
    isDeal bit default 0,                    --是否已处理(发货)，发货后，该字段的值更新为1
    dealTime datetime                        --订单处理的时间
)
go
--订单明细表(一张订单可以包含很多条数据，该表的一行就是订单中的一条)
create table orderDetails
(
    detailID int identity(1,1) primary key,           --订单明细编号
    orderID varchar(20) references orders(orderID),   --所属订单编号
    productID int references products(productID),     --购物的商品编号
    productName nvarchar(80),                         --购买的商品名称
    price money,                                      --商品单价
    quantity int                                     s--购买数量
)
go
```

保存订单时先在订单表添加一条记录，然后再在订单明细表中添加多条记录。

【拓展作业】

1. 为 eshop 实现客户查看订单的功能，需要查看的信息包括订单编号、收货人姓名、收货人地址、收货人邮编、收货人联系电话、支付状态和发货状态。

2. 为 eshop 实现客户修改订单收货人信息的功能，只能修改收货人姓名、收货人地址、收货人邮编、收货人联系电话四列。

3. 在作业 1 的基础上实现查看订单详情的功能。

单元七

使用 ObjectDataSource 快速建立 N 层架构

 **课程目标**

- ▶ 学会使用 ObjectDataSource 进行多层开发
- ▶ 了解 FormView 的应用
- ▶ 学会使用 ObjectDataSource 实现真分页

简介

上一单元我们学习了 SqlDataSource 数据源控件的使用方法，但该数据源将数据绑定控件使用 SQL 语句直接绑定到数据库，所有的代码放在一起，不利于大型项目的修改和维护。ObjectDataSource 也属于数据源控件，与其他数据源控件不同的是，该控件能够帮助开发人员在表示层与数据访问层、表示层与业务逻辑层之间构建一座桥梁，从而将来自数据访问层或者业务逻辑层的数据对象，与表示层中的数据绑定控件绑定，实现数据的显示、编辑、排序等任务。本单元将重点讲解如何利用 ObjectDataSource 控件快速建立三层架构，进行数据的展示和编辑。

7.1 ObjectDataSource 介绍

ObjectDataSource 主要与业务逻辑层一起使用，它调用业务逻辑层的方法来完成增删改查功能，比如显示数据时它调用业务逻辑层的查询方法来获取数据，然后将获取的数据绑定到数据绑定控件；修改数据时它先从数据绑定控件获取数据，然后把获取的数据传递给业务逻辑层的修改方法。ObjectDataSource 的主要属性如表 7-1 所示。

表 7-1　ObjectDataSource 的主要属性

模　板	说　明
TypeName	业务逻辑类名
SelectMethod	从业务逻辑类获取数据时调用的方法
UpdateMethod	更新数据时要调用的业务逻辑类的方法
InsertMethod	添加数据时要调用的业务逻辑类的方法
DeleteMethod	删除数据时要调用的业务逻辑类的方法
DataObjectTypeName	实体类名

7.2 使用 ObjectDataSource 实现显示和删除

下面就使用这些属性来实现上一单元显示和删除作者信息的功能。

(1) 打开 VS 2008，新建一个解决方案 Pubs。

(2) 在解决方案下添加三个类库项目：MODEL、DAL 和 BLL，再添加一个网站项目。

(3) 设置四个项目之间的引用关系：DAL 引用 MODEL，BLL 引用 MODEL 和 DAL，网站项目引用 MODEL 和 BLL。

(4) 在 MODEL 项目下添加实体类 Author，代码如下：

```csharp
[Serializable]
public class Author
{
    public string Au_id
    {
        get; set;
    }
    public string Au_lname
    {
        get; set;
    }
    public string Au_fname
    {
        get; set;
    }
    public string Phone
    {
        get; set;
    }
    public string Address
    {
        get; set;
    }
    public string City
    {
        get; set;
    }
    public string State
    {
        get; set;
    }
    public string Zip
    {
        get; set;
    }
    public bool Contract
    {
        get; set;
    }
}
```

(5) 在 DAL 项目下添加操作数据库的工具类 DBHelper，代码如下。

```csharp
class DBHelper
{
    static string constr = ConfigurationManager
            .ConnectionStrings["pub"].ConnectionString;
    public static int ExecuteCommand(string sql, SqlParameter[] ps)
```

```csharp
        {
            SqlConnection conn = new SqlConnection(constr);
            SqlCommand comm = new SqlCommand(sql, conn);
            comm.Parameters.AddRange(ps);
            int result = 0;
            try
            {
                conn.Open();
                result = comm.ExecuteNonQuery();
            }
            catch (Exception ex)
            {
                throw;
            }
            finally
            {
                if (conn.State == ConnectionState.Open)
                {
                    conn.Close();
                }
            }
            return result;
        }

        public static DataTable GetTable(string sql, SqlParameter[] ps)
        {
            SqlConnection conn = new SqlConnection(constr);
            SqlDataAdapter sda = new SqlDataAdapter(sql, conn);
            sda.SelectCommand.Parameters.AddRange(ps);
            DataTable dt = new DataTable();
            sda.Fill(dt);
            return dt;
        }
    }
```

(6) 在 DAL 项目下添加操作 Author 表的数据访问层类 AuthorService，代码如下。

```csharp
public class AuthorService
{
    public static int AddAuthor(Author author)
    {
        string sql = "Insert Into authors(au_id,au_lname,au_fname,
                phone,address,city,state,zip,contract)
                Values(@au_id,@au_lname,@au_fname,@phone,
                @address,@city,@state,@zip,@contract)";
        SqlParameter[] ps ={
          new SqlParameter("@au_id",author.Au_id),
          new SqlParameter("@au_lname",author.Au_lname),
```

```csharp
            new SqlParameter("@au_fname",author.Au_fname),
            new SqlParameter("@phone",author.Phone),
            new SqlParameter("@address",author.Address),
            new SqlParameter("@city",author.City),
            new SqlParameter("@state",author.State),
            new SqlParameter("@zip",author.Zip),
            new SqlParameter("@contract",author.Contract)};
        return DBHelper.ExecuteCommand(sql, ps);
    }

    public static int UpdateAuthor(Author author)
    {
        string sql = "Update authors Set au_lname=@au_lname,
                au_fname=@au_fname,phone=@phone,address=@address,
                city=@city,state=@state,zip=@zip,contract=@contract
                Where au_id=@au_id ";
        SqlParameter[] ps ={
          new SqlParameter("@au_id",author.Au_id),
          new SqlParameter("@au_lname",author.Au_lname),
          new SqlParameter("@au_fname",author.Au_fname),
          new SqlParameter("@phone",author.Phone),
          new SqlParameter("@address",author.Address),
          new SqlParameter("@city",author.City),
          new SqlParameter("@state",author.State),
          new SqlParameter("@zip",author.Zip),
          new SqlParameter("@contract",author.Contract)};
        return DBHelper.ExecuteCommand(sql, ps);
    }

    public static int DeleteAuthor(string au_id)
    {
        string sql = "Delete From authors Where au_id=@au_id ";
        SqlParameter[] ps ={
          new SqlParameter("@au_id",au_id)};
        return DBHelper.ExecuteCommand(sql, ps);
    }

private static List<Author> GetAuthors(string sql, SqlParameter[] ps)
    {
        DataTable dt = DBHelper.GetTable(sql, ps);
        List<Author> list = new List<Author>();
        foreach (DataRow dr in dt.Rows)
        {
            Author author = new Author();
            author.Au_id = (string)dr["au_id"];
            author.Au_lname = (string)dr["au_lname"];
            author.Au_fname = (string)dr["au_fname"];
```

```csharp
                    author.Phone = (string)dr["phone"];
                    author.Address = (string)dr["address"];
                    author.City = (string)dr["city"];
                    author.State = (string)dr["state"];
                    author.Zip = (string)dr["zip"];
                    author.Contract = (bool)dr["contract"];
                    list.Add(author);
            }
            return list;
        }

        public static List<Author> GetAllAuthor()
        {
            string sql = "Select * From authors";
            SqlParameter[] ps = new SqlParameter[0];
            return GetAuthors(sql, ps);
        }

        public static Author GetAuthorByAu_id(string au_id)
        {
            string sql = "Select * From authors Where au_id=@au_id ";
            SqlParameter[] ps ={
               new SqlParameter("@au_id",au_id)};
            List<Author> list = GetAuthors(sql, ps);
            if (list.Count == 0)
            {
                return null;
            }
            return list[0];
        }
    }
}
```

(7) 在 BLL 项目下添加业务逻辑类 AuthorManager，代码如下。

```csharp
public class AuthorManager
{
    public static int AddAuthor(Author author)
    {
        return AuthorService.AddAuthor(author);
    }

    public static int UpdateAuthor(Author author)
    {
        return AuthorService.UpdateAuthor(author);
    }
    public static int DeleteAuthor(Author author)
    {
        return AuthorService.DeleteAuthor(author.Au_id);
```

```
        }
        //返回所有作者
        public static List<Author> GetAllAuthor()
        {
            return AuthorService.GetAllAuthor();
        }
        //根据作者编号返回单个作者信息
        public static Author GetAuthorByAu_id(string au_id)
        {
            return AuthorService.GetAuthorByAu_id(au_id);
        }
}
```

(8) 在网站项目下添加作者列表页面 Author.aspx，在该页面中拖放一个 GridView 和一个 ObjectDataSource，然后编译整个解决方案，完成后再配置 ObjectDataSource。

(9) 在"ObjectDataSource 任务"中单击"配置数据源"，然后选择业务对象为 BLL.AuthorManager，如图 7-1 所示。

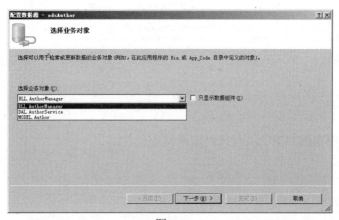

图 7-1

(10) 单击"下一步"按钮后为 ObjectDataSource 指定 SELECT 方法为 GetAllAuthor()，指定 DELETE 方法为 DeleteAuthor(Author author)，如图 7-2 所示。

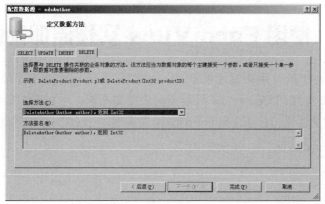

图 7-2

(11) 完成后的 ObjectDataSource 代码如下。

```
<asp:ObjectDataSource ID="odsAuthor" runat="server"
DataObjectTypeName="MODEL.Author"
DeleteMethod="DeleteAuthor"
SelectMethod="GetAllAuthor"
TypeName="BLL.AuthorManager">
</asp:ObjectDataSource>
```

(12) 将 GridView 的数据源设置为已经设置好的 ObjectDataSource，启用分页和删除功能并为 GridView 添加主键 Au_id。运行结果如图 7-3 所示。

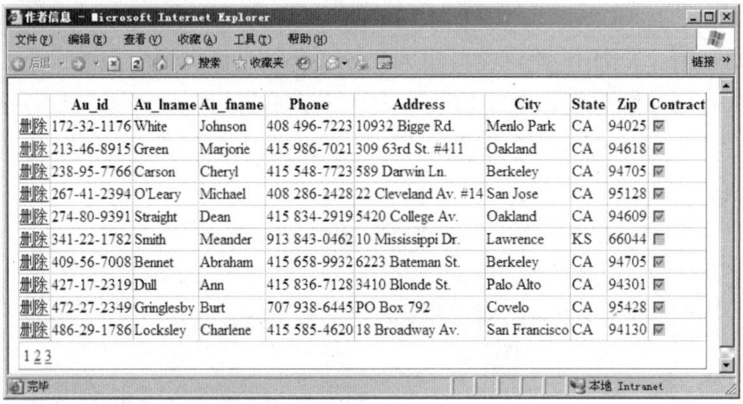

	Au_id	Au_lname	Au_fname	Phone	Address	City	State	Zip	Contract
删除	172-32-1176	White	Johnson	408 496-7223	10932 Bigge Rd.	Menlo Park	CA	94025	☑
删除	213-46-8915	Green	Marjorie	415 986-7021	309 63rd St. #411	Oakland	CA	94618	☑
删除	238-95-7766	Carson	Cheryl	415 548-7723	589 Darwin Ln.	Berkeley	CA	94705	☑
删除	267-41-2394	O'Leary	Michael	408 286-2428	22 Cleveland Av. #14	San Jose	CA	95128	☑
删除	274-80-9391	Straight	Dean	415 834-2919	5420 College Av.	Oakland	CA	94609	☑
删除	341-22-1782	Smith	Meander	913 843-0462	10 Mississippi Dr.	Lawrence	KS	66044	☐
删除	409-56-7008	Bennet	Abraham	415 658-9932	6223 Bateman St.	Berkeley	CA	94705	☑
删除	427-17-2319	Dull	Ann	415 836-7128	3410 Blonde St.	Palo Alto	CA	94301	☑
删除	472-27-2349	Gringlesby	Burt	707 938-6445	PO Box 792	Covelo	CA	95428	☑
删除	486-29-1786	Locksley	Charlene	415 585-4620	18 Broadway Av.	San Francisco	CA	94130	☑

1 2 3

图 7-3

(13) 测试分页和删除功能没有任何错误发生。

注意

使用 ObjectDataSource 时业务逻辑类的查询方法也可以返回 DataSet、DataTable 或 DataView，此时 ObjectDataSource 支持 GridView 实现排序功能，如果查询方法返回泛型集合，则 ObjectDataSource 不支持 GridView 实现排序功能，并且 GridView 不会自动生成主键，需要手动设置 DataKeyNames 属性。

7.3 使用 FormView 实现添加和修改

GridView 控件一般只用来显示和删除，添加和更新功能则主要依赖 FormView 或 DetailsView 控件来实现。DetailsView 只能使用表格来布局，而 FormView 可以自定义布局方式，具有更大的灵活性，所以选择 FormView 来实现。FormView 控件的常用属性、方法、模板和事件如表 7-2 所示。

表 7-2　FormView 控件的常用属性、方法、模板和事件

属　性	说　明
DefaultMode	获取或设置 FormView 控件的默认数据输入模式。该属性为枚举值，分为 ReadOnly——显示模式、Edit——编辑模式、Insert——添加模式
DataKeyNames	获取或设置一个数组，该数组包含数据源的键字段的名称
方　法	说　明
FindControl()	在当前输入模式下查找指定的控件，如果没查找到则返回 null
模　板	说　明
ItemTemplate	显示数据时的数据项模板
EditItemTemplate	编辑数据时的数据项模板
InsertItemTemplate	添加数据时的数据项模板
EmptyDataTemplate	没有数据可供显示时的空数据模板
事　件	说　明
ItemInserted	在单击 FormView 控件中的"插入"按钮时，但在插入操作之后发生
ItemInserting	在单击 FormView 控件中的"插入"按钮时，但在插入操作之前发生，可以在该事件中设置或修改数据项的值
ItemUpdated	在单击 FormView 控件中的"更新"按钮时，但在更新操作之后发生
ItemUpdating	在单击 FormView 控件中的"更新"按钮时，但在更新操作之前发生，可以在该事件中设置或修改数据项的值
ModeChanging	DefaultMode 属性更改时触发

GridView、FormView、DetailsView 和 DataList 等数据绑定控件可以执行增、删、改和选择等功能，到底执行哪项功能是由在控件中所单击按钮的 CommandName 属性决定的，不同的 CommandName 对应不同的操作，常见的增删改操作对应的 CommandName 属性值如表 7-3 所示。

表 7-3　CommandName 属性以及对应的操作

CommandName 值	作　用
Insert	执行插入功能
Delete	执行删除功能
Update	执行更新功能
Select	执行选择功能，选中当前行或当前项，并引起页面回发
Cancel	取消要执行的功能
Edit	显示编辑模板

下面修改 Pubs 解决方案，来实现添加和修改作者功能。

(1) 修改 GridView 控件的 Au_id 列，由 BoundField 改为 HyperLinkField，修改后代码如下。

```
<asp:HyperLinkField
    DataNavigateUrlFields="au_id"
    DataNavigateUrlFormatString="~/AuthorInfo.aspx?au_id={0}"
    DataTextField="Au_id" HeaderText="Au_id" />
```

(2) 在网站中添加 AuthorInfo.aspx 页面，在该页面中拖放一个 FormView 控件 fvAuthor 和一个 ObjectDataSource 控件 odsAuthor。

(3) 配置 odsAuthor 数据源控件，选择业务对象为 BLL.AuthorManager，单击"下一步"按钮后为 odsAuthor 定义数据方法。由于 FormView 一次只能显示一条记录，所以此处指定 SELECT 方法为 GetAuthorByAu_id(string au_id)，同时指定 UPDATE 方法为 UpdateAuthor(Author author)，指定 INSERT 方法为 AddAuthor(Author author)，如图 7-4 所示。

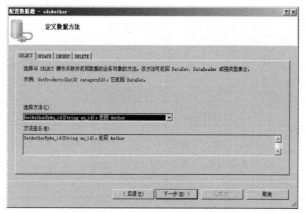

图 7-4

(4) 由于 SELECT 方法具有参数，单击"下一步"按钮后需要为参数指定来源。该参数来源于 Author.aspx 页面传递到本页的 QueryString，所以参数源要选择 QueryString，如图 7-5 所示。

图 7-5

(5) 单击"完成"按钮,生成的代码如下。

```
<asp:ObjectDataSource ID="odsAuthor" runat="server"
DataObjectTypeName="MODEL.Author"
InsertMethod="AddAuthor"
SelectMethod="GetAuthorByAu_id"
TypeName="BLL.AuthorManager"
    UpdateMethod="UpdateAuthor">
    <SelectParameters>
        <asp:QueryStringParameter Name="au_id"
            QueryStringField="au_id" Type="String" />
    </SelectParameters>
</asp:ObjectDataSource>
```

(6) 设置 FormView 控件 fvAuthor 的数据源为 odsAuthor,切换到代码视图,可以看到 fvAuthor 自动生成了 ItemTemplate、EditItemTemplate 和 InsertItemTemplate 三个模板的内容。

(7) 由于 SELECT 方法返回对象类型,所以 fvAuthor 没有自动设置主键,需要手动添加,将 DataKeyNames 属性设置为 Au_id。

(8) 运行发现增加和更新功能都可以正确运行,但增加和更新都没有验证,现在编辑模板来添加验证功能,编辑 InsertItemTemplate,代码如下:

```
<InsertItemTemplate>
    <span class="lbl">Au_id:</span>
    <div class="content">
<asp:TextBox ID="Au_idTextBox" runat="server"
Text='<%# Bind("Au_id") %>' />
    <asp:RequiredFieldValidator ID="rf1" runat="server"
        ControlToValidate="Au_idTextBox" Display="Dynamic"
ErrorMessage="*"></asp:RequiredFieldValidator>
    </div>
    <span class="lbl">Au_lname:</span>
<div class="content">
<asp:TextBox ID="Au_lnameTextBox" runat="server"
Text='<%# Bind("Au_lname") %>' />
    <asp:RequiredFieldValidator ID="rf2" runat="server"
        ControlToValidate="Au_lnameTextBox" Display="Dynamic"
ErrorMessage="*"></asp:RequiredFieldValidator>
    </div>
    <span class="lbl">Au_fname:</span>
<div class="content">
<asp:TextBox ID="Au_fnameTextBox" runat="server"
Text='<%# Bind("Au_fname") %>' />
    <asp:RequiredFieldValidator ID="rf3" runat="server"
        ControlToValidate="Au_fnameTextBox" Display="Dynamic"
ErrorMessage="*"></asp:RequiredFieldValidator>
    </div>
```

```
        <span class="lbl">Phone:</span>
    <div class="content">
    <asp:TextBox ID="PhoneTextBox" runat="server"
Text='<%# Bind("Phone") %>' />
        <asp:RequiredFieldValidator ID="rf4" runat="server"
            ControlToValidate="PhoneTextBox" Display="Dynamic"
ErrorMessage="*"></asp:RequiredFieldValidator>
    </div>
        <span class="lbl">Address:</span>
    <div class="content"><asp:TextBox ID="AddressTextBox"
runat="server" Text='<%# Bind("Address") %>' />
    </div>
        <span class="lbl">City:</span>
    <div class="content"><asp:TextBox ID="CityTextBox"
runat="server" Text='<%# Bind("City") %>' />
    </div>
        <span class="lbl">State:</span>
    <div class="content"><asp:TextBox ID="StateTextBox"
runat="server" Text='<%# Bind("State") %>' />
    </div>
        <span class="lbl">Zip:</span>
    <div class="content"><asp:TextBox ID="ZipTextBox"
runat="server" Text='<%# Bind("Zip") %>' />
    </div>
        <span class="lbl">Contract:</span>
    <div class="content"><asp:CheckBox ID="ContractCheckBox"
runat="server" Checked='<%# Bind("Contract") %>' />
    </div>
<asp:Button ID="InsertButton" runat="server"
CausesValidation="True" CommandName="Insert" Text="添加"/>
<asp:Button ID="InsertCancelButton" runat="server"
CausesValidation="False" CommandName="Cancel" Text="取消"/>
</InsertItemTemplate>
```

通过查看模板列的代码，我们发现数据的绑定可以使用<%# Bind("字段名") %>或<%# Eval("字段名") %>，这两种方式最主要的区别如下。

- Eval 是只读数据，用 Eval 进行绑定时只能从数据源取数据到绑定控件进行显示，是一种单向绑定，但是可以自定义操作，如(int)Eval("start") - (int)Eval("sale")。
- Bind 是可更新的，用 Bind 进行绑定时既可以从数据源控件取数据到数据绑定控件进行显示，也可以从数据绑定控件取数据传递到数据源控件，是一种双向绑定，但 Bind 绑定不能自定义操作。

(9) 以同样的方式编辑 EditItemTemplate，同样添加验证功能。

(10) 为 ModeChanging 事件编写代码，实现当模式切换时改变网页标题的功能，代码如下。

```
protected void fvAuthor_ModeChanging(object sender,
```

```
FormViewModeEventArgs e)
{
    if (e.NewMode == FormViewMode.Insert)
    {
        this.Title = "添加新作者";
    }
    else if (e.NewMode == FormViewMode.Edit)
    {
        this.Title = "编辑作者信息";
    }
    else
    {
        this.Title = "查看作者信息";
    }
}
```

(11) 运行网站，结果如图 7-6 所示。

图 7-6

7.4 使用 ObjectDataSource 实现真分页

SqlDataSource 和 ObjectDataSource 为 GridView 提供数据源时都可以实现分页功能，但这种分页是假分页，当数据量很大时效率很低。ObjectDataSourcce 本身提供了真分页的功能，该功能需要使用如表 7-4 所示的属性。

表 7-4 ObjectDataSourcce 控件分页相关属性

属 性	说 明
EnablePaging	为 true 表示启用分页功能
StartRowIndexParameterName	代表当前页第一条记录在数据库中的索引的参数名，该参数就是业务逻辑类查询方法的第一个参数
MaximumRowParameterName	代表每页记录数的参数名，该参数就是业务逻辑类查询方法的第二个参数

(续表)

属 性	说 明
SelectMethod	业务逻辑类中返回当前页记录的方法名,该方法至少具有两个参数;第一个参数名必须与属性 StartRowIndexParameterName 的值相同,第二个参数名必须与属性 MaximumRowParameterName 的值相同
SelectCountMethod	业务逻辑类中返回记录总数的方法名,该方法参数必须和属性 SelectMethod 对应的方法参数一致,尽管该方法的参数没有任何用途

利用这些属性我们可以修改 Author 页面实现真分页。

(1) 在 pubs 数据库下添加一个分页的存储过程,代码如下。

```sql
create proc sp_PagedAuthor
(
    @startRowIndex int,      --起始行索引
    @maximumRows int         --每次返回的记录总数(每页记录条数)
)
as with temp as
(select row_number() over(order by au_id) as rowIndex,* from authors)
select * from temp where rowIndex
between @startRowIndex+1 and @startRowIndex+@maximumRows
```

(2) 修改 DBHelper 类,添加一个方法,该方法使用存储过程来执行查询,代码如下。

```csharp
public static DataTable GetTableBySP(string spname, SqlParameter[] ps)
{
    SqlConnection conn = new SqlConnection(constr);
    SqlDataAdapter sda = new SqlDataAdapter(spname, conn);
    //设置 Command 执行的是存储过程
    sda.SelectCommand.CommandType = CommandType.StoredProcedure;
    sda.SelectCommand.Parameters.AddRange(ps);
    DataTable dt = new DataTable();
    sda.Fill(dt);
    return dt;
}
```

(3) 修改 DAL,添加一个查询数据的方法,使用 sp_PagedAuthor 存储过程从数据库取数据,代码如下。

```csharp
public static List<Author> GetPagedAuthor(int startIndex, int maxRows)
{
    string spname = "sp_PagedAuthor";
    SqlParameter[] ps ={
    new SqlParameter("@startRowIndex",startIndex),
```

```csharp
            new SqlParameter("@maximumRows",maxRows)};
        DataTable dt = DBHelper.GetTableBySP(spname, ps);
        List<Author> list = new List<Author>();
        foreach (DataRow dr in dt.Rows)
        {
            Author author = new Author();
            author.Au_id = (string)dr["au_id"];
            author.Au_lname = (string)dr["au_lname"];
            author.Au_fname = (string)dr["au_fname"];
            author.Phone = (string)dr["phone"];
            author.Address = (string)dr["address"];
            author.City = (string)dr["city"];
            author.State = (string)dr["state"];
            author.Zip = (string)dr["zip"];
            author.Contract = (bool)dr["contract"];
            list.Add(author);
        }
        return list;
}
```

(4) 修改 DAL，再添加一个返回记录总数的方法，代码如下。

```csharp
public static int GetAuthorCount()
{
    string sql = "Select count(*) From authors";
    SqlParameter[] ps = new SqlParameter[0];
    DataTable dt = DBHelper.GetTable(sql, ps);
    return Convert.ToInt32(dt.Rows[0][0]);
}
```

(5) 修改 BLL，添加一个返回记录总数的方法和一个返回分页数据的方法，代码如下。

```csharp
/// <summary>
/// 获取记录总数，使用了 Application 对象来缓存数据，
/// 该方法的两个参数必须与 GetPagedAuthor()方法的参数一致
/// </summary>
/// <param name="startIndex">没任何用，但不能少</param>
/// <param name="maxRows">没任何用，但不能少</param>
/// <returns>作者总数</returns>
public static int GetAuthorCount(int startIndex, int maxRows)
{
    if (HttpContext.Current.Application["authorcount"] == null)
    {
        HttpContext.Current.Application["authorcount"] =
        AuthorService.GetAuthorCount();
    }
    return Convert.ToInt32(HttpContext.Current.Application["authorcount"]);
}
```

```
/// <summary>
/// 返回分页显示后当前页的所有作者信息
/// </summary>
/// <param name="startIndex">当前页第一条记录在数据库表的索引</param>
/// <param name="maxRows">每页最大行数</param>
/// <returns>分页显示后当前页的的所有作者信息</returns>
public static List<Author> GetPagedAuthor(int startIndex,
int maxRows)
{
    return AuthorService.GetPagedAuthor(startIndex, maxRows);
}
```

GetPagedAuthor()方法的第一个参数(startIndex)表示记录的起始编号，这个参数的值将由 GridView 的 PageIndex 属性提供；第二个参数(maxRows)表示每次取出的记录总数，这个参数的值将由在 GridView 中的 PageSize 属性提供。这 2 个参数的值都由 GridView 自动传递给 ObjectDataSource，再由 ObjectDataSource 传递给业务逻辑类。

(6) 修改 Author 页面的 ObjectDataSource 数据源控件，重新设置 SELECT 方法为 "GetPagedAuthor"，并设置 StartRowIndexParameterName、MaximumRowsParameterName、SelectCountMethod 和 EnablePaging 四个属性，设置后的代码如下。

```
<asp:ObjectDataSource ID="odsAuthor" runat="server"
    DataObjectTypeName="MODEL.Author"
    TypeName="BLL.AuthorManager"
    DeleteMethod="DeleteAuthor"
    SelectMethod="GetPagedAuthor"
    SelectCountMethod="GetAuthorCount"
    EnablePaging="True"
    MaximumRowsParameterName="maxRows"
    StartRowIndexParameterName="startIndex">
    <SelectParameters>
        <asp:Parameter Name="startIndex" Type="Int32" />
        <asp:Parameter Name="maxRows" Type="Int32" />
    </SelectParameters>
</asp:ObjectDataSource>
```

由于业务逻辑类的 GetAuthorCount()方法的参数分别为 startIndex 和 maxRows，必须将 ObjectDataSource 的 StartRowIndexParameterName 属性设置为 startIndex，将 MaximumRows-ParameterName 属性设置为 maxRows。

(7) 将 GridView 的 AllowPaging 设为 true，将 PageSize 设为 5，调试运行可以看到 ObjectDataSource 调用了 GetAuthorCount()方法，并自动设置了该方法两个参数的值。

【单元小结】

- 使用 ObjectDataSource 进行多层开发。

- FormView 控件的应用。
- 使用 ObjectDataSource 进行真分页。

【单元自测】

1. FormView 控件的基类是(　　)。
   A. ListControl　　　　　　　　　　B. CompositeDataBoundControl
   C. HierarchicalDataBoundControl　　D. BaseForm
2. 下面有关 ObjectDataSource 说法，正确的是(　　)。
   A. ObjectDataSource 属于数据绑定控件
   B. ObjectDataSource 属于数据源控件
   C. ObjectDataSource 可以直接指向数据库，返回 DataSet
   D. ObjectDataSource 只能绑定数据访问层方法，才能返回正确数据
3. FormView 的属性 DefaultMode，枚举值有(　　)。
   A. ReadOnly　　　B. Edit　　　C. Insert　　　D. Change
4. 与 ObjectDataSource 真分页无关的属性是(　　)。
   A. EnablePaging　　　　　　　　　B. StartRowIndexParameterName
   C. AllowSorting　　　　　　　　　D. SelectCountMethod
5. 更改 GridView 的当前页索引后，将发生 GridView 的(　　)事件。
   A. RowCommand　　　　　　　　　B. PageIndexChanged
   C. RowDataBound　　　　　　　　D. DataBound

【上机实战】

上机目标

- 掌握 ObjectDataSource 控件绑定业务逻辑层。
- 使用 GridView 控件和 ObjectDataSource 控件完成数据的展示。
- 使用 DropDownList 控件完成数据源的绑定。

上机练习

◆ 第一阶段 ◆

练习 1：完成所有客户的显示功能

利用 ObjectDataSource 控件和 GridView 控件为 eshop 电子商务网站完成所有客户的显示功能。效果如图 7-7 所示。

图 7-7

【问题描述】

利用 ObjectDataSource 控件和 GridView 控件完成所有客户信息的显示。

【问题分析】

首先需要配置 ObjectDataSource 数据源，然后设置 ObjectDataSource 控件的 SelectMethod 属性和 DeleteMethod 属性。最后创建 GridView 控件，为 GridView 控件设置数据源。删除功能需要设置 GridView 控件的 DataKeyNames 属性值为 Email。

【参考步骤】

(1) 打开 eshop 网站，添加 DBHelper 类、Customer 实体类和 CustomerService 数据访问类。

(2) 在网站下添加 CustomerList.aspx 页面，在页面中加入 GridView 控件和 ObjectDatasource 控件，配置数据源。主要代码如下。

```
<asp:GridView ID="gvCustomer" runat="server" DataKeyNames="Email"
    AutoGenerateColumns="False" DataSourceID="odsCustomer" >
    <Columns>
        <asp:BoundField DataField="CustomerName"
            HeaderText="客户姓名" SortExpression="CustomerName" />
        <asp:BoundField DataField="Email"
            HeaderText="电子邮件" SortExpression="Email" />
        <asp:BoundField DataField="Address"
            HeaderText="地址" SortExpression="Address" />
        <asp:BoundField DataField="Phone"
            HeaderText="电话" SortExpression="Phone" />
        <asp:BoundField DataField="Zip"
            HeaderText="邮编" SortExpression="Zip" />
        <asp:BoundField DataField="Regtime"
            HeaderText="注册时间" SortExpression="Regtime"
            DataFormatString="{0:d}" />
        <asp:CommandField ShowDeleteButton="True" />
    </Columns>
</asp:GridView>
<asp:ObjectDataSource ID="odsCustomer" runat="server"
    DataObjectTypeName="Eshop.Customer"
    DeleteMethod="DeleteCustomer"
    SelectMethod="GetAllCustomer"
```

```
            TypeName="Eshop.CustomerService">
</asp:ObjectDataSource>
```

(3) 保存运行。GridView 中显示了所有客户的信息。

练习 2：使用 FormView 实现功能

在前面的上机练习中我们已经完成了商品添加的功能，但没有实现商品修改的功能，现在使用 FormView 来实现该功能。

【问题描述】

利用 ObjectDataSource 控件和 FormView 控件完成商品信息的编辑。

【问题分析】

编辑哪个商品的信息肯定是由其他页面传递商品编号来决定的。另外商品的单击次数和上架时间不允许修改。首先需要配置 ObjectDataSource 数据源，然后设置 ObjectDataSource 控件的 SelectMethod 属性和 UpdateMethod 属性。最后创建 FormView 控件，为 FormView 控件设置数据源和主键。

【参考步骤】

(1) 打开 eshop 网站，添加 Product 实体类和 ProductService 数据访问类，代码如下(注意不允许修改商品的单击次数和上架时间)。

```
public static int UpdateProduct(Product product)
{
    string sql = "Update products Set productName=@productName,
        author=@author,isrecommend=@isrecommend,inPrice=@inPrice,
        startPrice=@startPrice,salePrice=@salePrice,img=@img,
        description=@description,storeID=@storeID,typeID=@typeID
        Where productID=@productID";
    SqlParameter[] ps ={
        new SqlParameter("@productID",product.ProductID),
        new SqlParameter("@productName",product.ProductName),
        new SqlParameter("@author",product.Author),
        new SqlParameter("@isrecommend",product.Isrecommend),
        new SqlParameter("@inPrice",product.InPrice),
        new SqlParameter("@startPrice",product.StartPrice),
        new SqlParameter("@salePrice",product.SalePrice),
        new SqlParameter("@img",product.Img),
        new SqlParameter("@description",product.Description),
        new SqlParameter("@storeID",product.StoreID),
        new SqlParameter("@typeID",product.TypeID)};
    return DBHelper.ExecuteCommand(sql, ps);
}
```

(2) 在网站中添加 ProductModify.aspx 页面，在该页面中添加 FormView 控件和

ObjectDataSource 控件，首先设置 FormView 控件的 DefaultMode 属性为 Edit，再设置 DataKeyNames 属性为 ProductID。配置 ObjectDataSource 数据源，配置后的代码如下。

```
<asp:ObjectDataSource ID="odsProduct" runat="server"
    DataObjectTypeName="Eshop.Product"
    SelectMethod="GetProductByProductID"
    TypeName="Eshop.ProductService"
    UpdateMethod="UpdateProduct">
    <SelectParameters>
        <asp:QueryStringParameter Name="productID"
            QueryStringField="pid" Type="Int32" DefaultValue="1" />
    </SelectParameters>
</asp:ObjectDataSource>
```

（3）设置 FormView 的编辑模板。由于商城编号不可以随意输入，用 DropDownList 来实现，该 DropDownList 又需要一个独立的数据源来提供数据，所以在编辑模板中添加一个 SqlDataSource 来给 DropDownList 充当数据源；当商城发生改变时对应的商品类型也需要发生改变，所以还需要设置"启用 AutoPostBack"。编辑完成后该项的代码如下。

```
<asp:DropDownList ID="ddlStore" runat="server" AutoPostBack="True"
    Width="100px" SelectedValue='<%# Bind("StoreID") %>'
DataSourceID="dsStore" DataTextField="storeName"
DataValueField="storeID">
</asp:DropDownList>
<asp:SqlDataSource ID="dsStore" runat="server"
    ConnectionString="<%$ ConnectionStrings:eshopconstr %>"
SelectCommand="SELECT * FROM [store]">
</asp:SqlDataSource>
```

（4）由于商品类型与商城有关，当商城改变时必须要改变商品类型，这个过程与整个 FormView 的绑定无关，而 Eval 和 Bind 这类数据绑定方法只能在数据绑定控件的上下文中使用，所以不能为商品类型提供绑定；同样商品类型也需要一个数据源控件来提供数据，并且显示哪个商城的商品类型由 ddlStore 来决定，编辑完成后该项的代码如下。

```
<asp:DropDownList ID="ddlType" runat="server" Width="100px"
    DataSourceID="dsType" DataTextField="typeName"
DataValueField="typeID">
</asp:DropDownList>
<asp:SqlDataSource ID="dsType" runat="server"
    ConnectionString="<%$ ConnectionStrings:eshopconstr %>"
SelectCommand="SELECT [typeID], [typeName] FROM [typies]
            WHERE ([storeID] = @storeID)">
    <SelectParameters>
        <asp:ControlParameter ControlID="ddlStore" Name="storeID"
            PropertyName="SelectedValue" Type="Int32" />
    </SelectParameters>
```

```
</asp:SqlDataSource>
```

(5) 商品图片也不能直接与上传文件控件绑定，其他数据项都可以。编辑商品时有可能要更新图片，所以可以将旧图片的路径绑定到"更新"按钮的 CommandArgument 属性上，更新时如果没有上传新图片则继续使用旧图片，如果上传了新图片则更新数据库。编辑模板全部完成后的代码如下。

```
<EditItemTemplate>
    <table>
        <tr>
            <td align="right" width="120px;">
                请选择商城
            </td>
            <td>
<asp:DropDownList ID="ddlStore" runat="server"
    AutoPostBack="True" Width="100px"
    SelectedValue='<%# Bind("StoreID") %>' DataSourceID="dsStore"
    DataTextField="storeName" DataValueField="storeID">
</asp:DropDownList>
<asp:SqlDataSource ID="dsStore" runat="server"
    ConnectionString="<%$ ConnectionStrings:eshopconstr %>"
    SelectCommand="SELECT * FROM [store]"></asp:SqlDataSource>
            </td>
        </tr>
        <tr>
            <td align="right">
                请选择类型
            </td>
            <td>
<asp:DropDownList ID="ddlType" runat="server"
    Width="100px" DataSourceID="dsType"
    DataTextField="typeName" DataValueField="typeID" >
</asp:DropDownList>
<asp:SqlDataSource ID="dsType" runat="server"
    ConnectionString="<%$ ConnectionStrings:eshopconstr %>"
    SelectCommand="SELECT [typeID], [typeName] FROM [typies]
             WHERE ([storeID] = @storeID)">
    <SelectParameters>
        <asp:ControlParameter ControlID="ddlStore" Name="storeID"
            PropertyName="SelectedValue" Type="Int32" />
    </SelectParameters>
</asp:SqlDataSource>
            </td>
        </tr>
        <tr>
            <td align="right">
                商品名称
```

```
                </td>
                <td>
<asp:TextBox ID="txtName" runat="server" Width="350px"
    Text='<%#Bind("ProductName") %>'></asp:TextBox>
<asp:RequiredFieldValidator
    ID="RequiredFieldValidator1" runat="server"
    ControlToValidate="txtName"Display="Dynamic"
    ErrorMessage="RequiredFieldValidator">
</asp:RequiredFieldValidator>
                </td>
            </tr>
            <tr>
                <td align="right">
                    作者/演员
                </td>
                <td>
<asp:TextBox ID="txtAuthor" runat="server" Width="183px"
    Text='<%#Bind("Author") %>'></asp:TextBox>
<asp:RequiredFieldValidator
    ID="RequiredFieldValidator2" runat="server"
    ControlToValidate="txtAuthor" Display="Dynamic"
    ErrorMessage="RequiredFieldValidator">
</asp:RequiredFieldValidator>
                </td>
            </tr>
            <tr>
                <td align="right">
                    进价
                </td>
                <td>
<asp:TextBox ID="txtInPrice" runat="server" Width="70px"
    Text='<%#Bind("InPrice") %>'></asp:TextBox>
<asp:CompareValidator ID="CompareValidator1" runat="server"
    ControlToValidate="txtInPrice"
    Display="Dynamic" ErrorMessage="进价必须是数字"
Operator="DataTypeCheck" Type="Currency">
</asp:CompareValidator>
市场价<asp:TextBox ID="txtStartPrice" runat="server" Width="70px"
    Text='<%#Bind("StartPrice") %>'></asp:TextBox>
<asp:CompareValidator ID="CompareValidator2" runat="server"
    ControlToValidate="txtStartPrice"
    Display="Dynamic" ErrorMessage="市场价必须是数字"
Operator="DataTypeCheck" Type="Currency">
</asp:CompareValidator>
销售价<asp:TextBox ID="txtSalePrice" runat="server" Width="70px"
    Text='<%#Bind("SalePrice") %>'></asp:TextBox>
<asp:CompareValidator ID="CompareValidator3" runat="server"
```

```
                ControlToValidate="txtSalePrice"
                Display="Dynamic" ErrorMessage="销售价必须是数字"
                Operator="DataTypeCheck" Type="Currency">
                </asp:CompareValidator>
            </td>
        </tr>
        <tr>
            <td align="right">
                重点推荐
            </td>
            <td>
                <asp:CheckBox ID="chkRecommend" runat="server"
                    Checked='<%# Bind("Isrecommend") %>' />
            </td>
        </tr>
        <tr>
            <td align="right">
                商品图片
            </td>
            <td>
                <asp:FileUpload ID="fupImg" runat="server"   />
            </td>
        </tr>
        <tr>
            <td align="right">
                商品描述
            </td>
            <td>
                <asp:TextBox ID="txtDesc" runat="server" Height="114px"
                    TextMode="MultiLine" Width="350px"
                    Text='<%# Bind("Description") %>'></asp:TextBox>
            </td>
        </tr>
        <tr>
            <td>
                 
            </td>
            <td>
                <asp:Button ID="btnUpdate" CommandName="update" runat="server"
                    Text="修改商品" CommandArgument='<%# Eval("Img") %>' />
                          
                <asp:Button ID="btnCancel" CommandName="cancel" runat="server"
                    Text="取消" />
            </td>
        </tr>
    </table>
</EditItemTemplate>
```

(6) 由于商品类型和图片没有做数据绑定，这两个属性的值需要在 ItemUpdating 事件中提供，该事件的代码如下。

```csharp
protected void fvProduct_ItemUpdating(object sender,
                    FormViewUpdateEventArgs e)
{
    //首先找到商品类型下拉框
    DropDownList ddlType = this.fvProduct.FindControl("ddlType")
                                as DropDownList;
    //获得商品类型
    string typeid = ddlType.SelectedValue;
    //找到上传图片控件
    FileUpload fup = this.fvProduct.FindControl("fupImg")
                                as FileUpload;
    //得到旧图片名
    string imgname = e.CommandArgument.ToString();
    if (fup.HasFile)
    {
        //删除旧图片
        string imgpath = Server.MapPath("~/productimgs/" + imgname);
        if (File.Exists(imgpath))
            File.Delete(imgpath);
        //上传新文件
        imgname = DateTime.Now.ToShortDateString() + fup.FileName;
        imgpath = Server.MapPath("~/productimgs/" + imgname);
        fup.SaveAs(imgpath);
    }

    //为没有进行绑定的两个属性提供值
    e.NewValues["typeid"] = typeid;
    e.NewValues["img"] = imgname;
}
```

(7) 更新完成后弹出提示对话框，这需要在 ItemUpdated 事件中添加如下代码。

```csharp
protected void fvProduct_ItemUpdated(object sender,
                            FormViewUpdatedEventArgs e)
{
    if (e.Exception == null)
        this.ClientScript.RegisterStartupScript(this.GetType(),
            "updateproductsuccess", "alert('更新完成！');", true);
}
```

◆ **第二阶段** ◆

练习2：修改第一阶段练习1，为客户列表实现真分页功能

【拓展作业】

1. 在之前的练习中已经在 ProductAdd.aspx 页面实现了商品添加的功能，请修改该页面，使用 FormView 和 ObjectDataSource 实现商品添加。

2. 修改之前练习中的商品列表页面 ProductList.aspx，添加一个查看详细信息的 HyperLink 列，超链接到 ProductDetail.aspx 页面，在该页面使用 FormView 和 ObjectDataSource 显示某商品的详细信息，并可以添加到购物车，该界面截图如图 7-8 所示。

图 7-8

单元八

LINQ

课程目标

- ▶ 理解 LINQ
- ▶ 掌握 LINQ 的 8 个基本子句的用法

 简 介

LINQ(Language-Integrated Query,语言集成查询)是微软公司提供的一项新技术,它能够将查询功能直接引入到.NET Framework 3.5 所支持的编程语言(如 C#、VB.NET 等)中。查询操作可以通过编程语言自身来传达,而不是以字符串嵌入到应用程序代码中。

8.1 什么是 LINQ

"查询"是一组指令,使用这些指令可以从一个或多个给定的数据源中检索数据,并返回指定表现形式的结果。LINQ 也是一种查询,它集成于.NET Framework 3.5 之中,可以为 C# 或 VB.NET 编程语言提供强大的查询功能,并与其整合为一体,成为 Visual Studio 2008 中的一组全新的功能。

8.1.1 查询与 LINQ

查询是一种从给定的数据源中检索满足指定条件的数据表达式功能。传统上,查询数据往往使用字符串来表示查询操作,如查询关系数据库的 SQL 语句、查询 XML 结构数据的 XQuery 等。在这些查询操作中,一般不会检查被查询数据的类型。同时,这些查询操作往往与编程语言处于一种相对孤立的状态。

LINQ 也是一种查询技术,由微软公司提供,它最大的特点就是能够把查询功能直接引入到.NET Framework 3.5 所支持的编程语言(如 C#、VB.NET 等)中,并整合为一体,从而使查询操作成为编程语言的一部分,可以像创建编程语言代码的方法一样,方便地创建查询操作或表达式。

下面的示例代码就是使用 LINQ 从 dataSource 集合中查询小于 10 的元素。其中,from 子句描述被查询的数据源,where 子句指定元素所满足的过滤条件,select 子句可以指定查询结果的表现形式。

```
List <int> dataSource = new List<int>{1,2,10,9,11,15,20,8};
var result = from i in dataSource
             where i < 10
             select i;
```

使用 LINQ 查询和处理数据,具有以下 5 个优点:
- LINQ 查询语法简单,容易书写。在创建查询表达式时,Visual Studio 2008 集成开发环境还提供了智能提示功能。
- 由于查询表达式被嵌入在编程语言中,因此,编译器将检查查询表达式的语法错误和查询数据的类型安全。
- LINQ 提供了强大的过滤、排序、数据分区、分组等处理数据的功能。

- 使用 LINQ 可以直接处理 XML 元素，并为内存中的 XML 文档提供强大的处理功能。
- 容易处理多数据源和多数据格式的数据。

8.1.2 LINQ 基本组成组件

LINQ 是 Visual Studio 2008 和.NET Framework 3.5 中一项突破性的创新，它在对象领域和数据领域之间架起了一座桥梁。LINQ 几乎可以查询或操作任何存储形式的数据。对其组件的具体说明如下。

- LINQ to SQL 组件，可以查询基于关系数据库(主要是 SQL Server 数据库)的数据，并对这些数据进行检索、插入、修改、删除、排序、聚合、分区等操作。
- LINQ to DataSet 组件，可以查询 DataSet 对象中的数据，并对这些数据进行检索、过滤、排序等操作。
- LINQ to Object 组件，可以查询 IEnumerable 或 IEnumerable<T> 集合，即能够查询任何可枚举的集合，如数组(Array 和 ArrayList)、泛型列表 List<T>、泛型字典 Dictionary<T> 等，以及用户自定义的集合，而不需要使用 LINQ 提供的程序或 API。
- LINQ to XML 组件，可以查询或操作 XML 结构的数据(如 XML 文档、XML 片段、XML 格式的字符串等)，并提供了修改文档对象模型的内存文档和支持 LINQ 查询表达式等功能，以及处理 XML 文档的全新的编程接口。

8.1.3 LINQ 与 ADO.NET

虽然传统的 ADO.NET 提供了大量的读取、查询、检索、插入、修改、过滤和删除数据库中的数据的方法。然而，有时这些方法也显得比较烦琐。开发人员需要编程查询或操作数据库的每一个步骤，如获取连接字符串、创建数据库的连接对象、打开数据库的连接、执行查询或操作数据库的命令、关联数据库的连接等。

使用 LINQ 可以把数据从数据库(如 SQL Server 数据库)的表中传递到内存的对象中，并将数据源转换为基于 IEnumerable 的对象集合。从而，可以把传统的枯燥乏味的操作数据库的方法转换为使用 LINQ 查询和处理基于 IEnumerable 的对象集合。由于 LINQ 查询被嵌入到.NET Framework 3.5 支持的编程语言(如 C#、VB.NET 等)中，因此，在创建 LINQ 查询表达式时，还可以使用 Visual Studio 2008 的智能支持功能。

LINQ 提供了名为 LINQ to ADO.NET 的技术专门用来处理关系数据。其中，LINQ to ADO.NET 包括两种独立的技术：LINQ to DataSet 和 LINQ to SQL。使用 LINQ to DataSet 可以查询或处理 DataSet 对象中的数据，使用 LINQ to SQL 可以直接查询或处理关系数据(如 SQL Server 数据库中的数据)。

LINQ to DataSet 基于 ADO.NET，并为 ADO.NET 提供了更加高级的、简单的查询技术，它和 ADO.NET 之间的关系如图 8-1 所示。

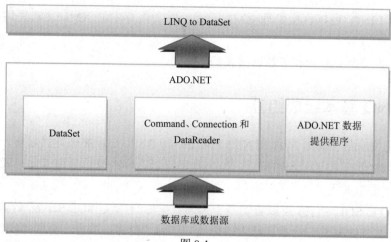

图 8-1

LINQ to SQL 可以创建 LINQ 编程模型，并直接映射到关系数据库之上。LINQ to SQL 可以直接创建表示数据的.NET Framework 的类，并将这些类映射到数据库中的表、视图、存储过程、函数等对象。因此，使用 LINQ to SQL 可以直接操作表示数据的.NET Framework 的类来操作与之映射的关系数据库中的数据。

8.2 第一个使用 LINQ 的 Web 应用程序

本节将介绍第一个使用 LINQ 的 Web 应用程序，该应用程序在 Default.aspx 页面中使用 LINQ 查询数组(或集合)中的数据，并把查询的结果显示在 Web 窗体页中。

8.2.1 创建使用 LINQ 的 Web 应用程序

我们对创建 Web 应用程序并不陌生，但是在创建使用 LINQ 的 Web 应用程序时必须注意：由于 LINQ 被.NET Framework 3.5 支持，因此，若要创建使用 LINQ 的 Web 应用程序(或 Windows Forms 应用程序)，必须使用.NET Framework 3.5。

8.2.2 使用 LINQ 查询数据

创建好网站 Example8_1 后，打开 Default.aspx 页面的代码隐藏文件 Default.aspx.cs，并在该文件中创建 LINQQueryData()函数。该函数使用 LINQ 查询整型数组 dataSource 中的数据，并将查询结果显示在 Default.aspx 页面上，具体步骤如下。

(1) 创建一个整型数组 dataSource，长度为 100，并使用 for 语句初始化 dataSource 数组中各个元素的值，它们分别为 0～99。

(2) 创建 LINQ 查询表达式。该查询表达式从 dataSource 数组中查询小于 10 的元素。

(3) 将步骤(2)中的查询结果保存在 query 变量中。

(4) 使用 foreach 语句输出 query 变量中元素的值。

根据上述分析，LINQQueryData()函数的程序代码如下。

```csharp
/// <summary>
/// 使用 LINQ 查询数据
/// </summary>
private void LINQQueryData()
{
    //准备数据源，创建一个整型数组
    int[] dataSource = new int[100];
    for (int i = 0; i < 100; i++)
    {
        dataSource[i] = i;
    }

    //创建 LINQ 查询
    var query = from i in dataSource
                where i < 10
                select i;

    //输出查询结果
    foreach (var i in query)
    {
        Response.Write(i.ToString() + "<br />");
    }
}
```

在 Page_Load 事件中调用该方法，运行结果如图 8-2 所示。

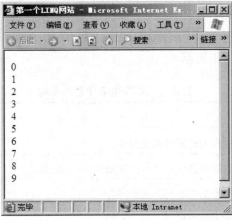

图 8-2

为了运行使用 LINQ 的 Web 应用程序，集成开发环境已经为程序在 Web.config 中自动配置了相关程序集。

- System.Xml.Linq。
- System.Data.DatasetExtensions。

这些配置保存在配置文件 Web.config 的<compilation>元素的<assemblies>子元素下。

8.2.3 与 LINQ 相关的命名空间

.NET Framework 3.5 提供多个与 LINQ 相关的命名空间，如 System.Linq、System.Data.Linq、System.Xml.Linq 等命名空间。

- System.Linq 命名空间，提供支持使用 LINQ 进行查询的类和接口，如 Enumerable 类、Queryable 类、IQueryable 接口、IQueryable<T> 接口、IOrderedQueryable 接口、IOrderedQueryable<T>接口等。
- System.Data.Linq 命名空间，提供与 LINQ to SQL 相关的类、结构、接口和枚举，如 Table<T>类、EntityRef<T>结构、EntitySet<T>结构、IExecuteResult 接口、IFunctionResult 接口、IMultipleResults 接口、ISingleResult<T>接口等。
- System.Xml.Linq 命名空间，提供与 LINQ to XML 相关的类和枚举，如 XDocument 类、Xelement 类、Xattribute 类、XDeclaration 类、XName 类、XNamespace 类、XText 类等。

8.3 LINQ 查询子句概述

查询(Query)是一组指令，这些指令可以从一个或多个给定的数据源中检索数据，并指定检索结果的数据类型和表现形式。查询表达式是用查询语法表示的查询，具有一流的语言构造。查询表达式是一种用查询语法表示的表达式，由一组用类似于 SQL 或 XQuery 的声明性语法编写的子句组成。每一个子句可以包含一个或多个 C#表达式，而这些表达式本身又可能是查询表达式或包含查询表达式。查询表达式和其他表达式一样，可以用在 C#表达式有效的任何上下文中。

查询表达式包含 8 个基本子句：from、select、where、group、orderby、join、let 和 into 子句，具体功能描述如表 8-1 所示。

表 8-1 LINQ 的 8 个基本子句

子 句	说 明
from 子句	指定查询操作的数据源和范围变量
select 子句	筛选元素的逻辑条件，一般由逻辑运算符(如逻辑"与"、逻辑"或")组成
where 子句	指定查询结果的类型和表现形式
group 子句	对查询结果进行分组
orderby 子句	对查询结果进行排序，可以为"升序"或"降序"
join 子句	连接多个查询操作的数据源
let 子句	引入用于存储查询表达式中的子表达式结果的范围变量
into 子句	提供一个临时标识符，该标识可以充当对 join、group 或 select 子句的结果的引用

查询表达式必须以 from 子句开头，并且必须以 select 或 group 子句结束。在第一个 from 子句和最后一个 select 或 group 子句之间，查询表达式可以包含一个或多个 where、orderby、group、join、let 子句，甚至 from 子句。另外，join 和 group 子句还可以使用 into 子句指定临时标识符号。

8.4 基本子句

本节将介绍 LINQ 查询表达式的基本子句的语法规则和使用方法。

8.4.1 from 子句

LINQ 查询表达式必须包含 from 子句，且以 from 子句开头。如果该查询表达式还包含子查询，那么子查询表达式也必须以 from 子句开头。from 子句指定查询操作的数据源和范围变量。其中，数据源不但包括查询本身的数据源，还包括子查询的数据源。范围变量一般用来表示源序列中的每一个元素。下面的代码就演示了一个简单的查询操作，该查询操作从 values 数组中查询小于 3 的元素。其中，v 为范围变量，values 是数据源。

```
int[] values = { 0, 1, 2, 3, 4, 5, 6, 7, 8, 9 };
var result = from v in values
             where v < 3
             select v;
```

注意
from 子句指定的数据源的类型必须为 IEnumerable、IEnumerable<T> 或前两者的派生类型。

1．数据源

在 from 子句中，如果数据源(如 List<int>、List<string> 等)实现了 IEnumerable<T>，那么编译器可以自动推断出范围变量的类型。在下面的代码中，from 子句的范围变量 value 的类型为 string 类型。该查询操作从 values 泛型列表中查询内容为 000 的字符串。

```
List<string> values = new List<string> { "000", "111", "222" };
var result = from value in values
             where value == "000"
             select value;
```

然而，如果数据源的类型是非泛型 IEnumerable 类型(如 ArrayList 等)时，则必须显式指定范围变量的数据类型。在下面的代码示例中，from 子句的数据源为 ArrayList 类型，范围变量 u 的类型必须显示指定为 UserInfo 类型。该查询操作从 values 动态数组中查询 ID 属性的值小于 8 的元素。

```
ArrayList values = new ArrayList();
```

```
for (int i = 0; i < 10; i++)
{
    values.Add(new UserInfo { Id = i, Username = "User0" + i.ToString() });
}
var result = from UserInfo u in values
             where u.Id < 8
             select u;
//显示查询结果
foreach (var v in result)
{
    Response.Write(v.Username + "<br />");
}
```

执行上述代码，结果如图 8-3 所示。

2. 单个 from 子句查询

顾名思义，在一个 LINQ 查询表达式中，若该查询表达式只包含一个 from 子句，则称该查询为单个 from 子句查询。单个 from 子句查询往往使用一个数据源。

图 8-3

如上例，只有一个 from 子句。前面使用的一直都是单个 from 子句，在此就不赘述了。

3. 复合 from 子句查询

在一些情况下，数据源(本身是一个序列)的元素还包含子数据源(如序列、列表等)。如果要查询子数据源中的元素，则需要使用复合 from 子句。下面的代码中的 ComplexFromQuery()函数演示了复合 from 子句查询的方法，具体步骤说明如下。

(1) 创建数据类型为 List<UserInfo>的数据源 users。其中，users 元素的 AliasNames 属性的数据类型是 List<string>，即该属性的值也是一个子数据源。

(2) 使用复合 from 子句查询 Id 值小于 3，且别名包含字符串 1 的用户。第 1 个 from 子句查询 users 数据源，第 2 个 from 子句查询 users.AliasName 数据源。

(3) 使用 foreach 语句输出查询的结果。

```
/// <summary>
/// 复合 from 子句查询
/// </summary>
private void ComplexFromQuery()
{
    //创建数据源
    List<UserInfo> users = new List<UserInfo>();

    for (int i = 0; i < 10; i++)
    {
        users.Add(new UserInfo{ Id = i,
                    Username = "User0" + i.ToString(),
```

```
                        Email = "User0" + i.ToString() + "@svse.com",
                        AliasName = new List<string>
                                    {"Alias0" + i.ToString()}});
}

//查询 Id 小于 3 的用户,且别名包含字符串 1
var result = from user in users
             from ua in user.AliasName
             where user.Id < 3 && ua.IndexOf("1") > -1
             select user;

//显示查询结果
foreach (var v in result)
{
    Response.Write(v.Username + "  " +
        v.AliasName.ElementAt(0) + "<br />");
}
```

执行上述代码,结果如图 8-4 所示。

4. 多个 from 子句查询

若 LINQ 查询表达式包含两个或两个以上的独立数据源,则可以使用多个 from 子句查询所有数据源中的数据。下面的实例代码中的 MultiFromQuery()函数演示了多个 from 子句查询的方法,其体步骤说明如下。

图 8-4

(1) 创建数据类型为 List<UserInfo>的数据源 ausers 和 busers。

(2) 第 1 个 from 子句查询 ausers 数据源中 Id 值小于 3 的用户,第 2 个 from 子句查询 busers 数据源中 Id 值大于 5 的用户,并获取其 Username 和 Email 属性的值。

(3) 使用 foreach 语句输出查询的结果。

```
/// <summary>
/// 多个 from 子句查询
/// </summary>
private void MultiFromQuery()
{
    //创建数据源
    List<UserInfo> ausers = new List<UserInfo>();
    List<UserInfo> busers = new List<UserInfo>();

    for (int i = 0; i < 10; i++)
    {
        ausers.Add(new UserInfo
        {
            Id = i,
            Username = "AUser0" + i.ToString(),
```

```
                    Email = "AUser0" + i.ToString() + "@hp.com"
                });
                busers.Add(new UserInfo
                {
                    Id = i,
                    Username = "BUser0" + i.ToString(),
                    Email = "BUser0" + i.ToString() + "@hp.com"
                });
            }

            //第 1 个 from 子句查询 ausers 数据源中 Id 值小于 3 的用户,
             第 2 个 from 子句查询 busers 数据源中 Id 值大于 5 的用户
            var result = from auser in ausers
                         where auser.Id < 3
                         from buser in busers
                         where buser.Id > 5
                         select new { auser.Username, buser.Email };

            //显示查询结果
            foreach (var v in result)
            {
                Response.Write(v.Username + "  " + v.Email + "<br />");
            }
        }
```

执行上述代码，结果如图 8-5 所示。

图 8-5

8.4.2　where 子句

在 LINQ 查询表达式中，where 子句指定筛选元素的逻辑条件，一般由逻辑运算符(如逻辑"与"和逻辑"或")组成，一个查询表达式可以不包含 where 子句，也可以包含 1 个

或多个 where 子句。在 where 子句内，可以使用&&和||运算符来连接 where 子句中的多个布尔条件表达式。

对于一个 LINQ 查询表达式而言，where 子句不是必需的。如果 where 子句在查询表达式中出现，那么 where 子句不能作为查询表达式的第一个子句或最后一个子句。

例：查询 Id 值小于 3，并且用户名称包含 0 的用户名称。

```csharp
/// <summary>
/// where 子句
/// </summary>
private void WhereQuery()
{
    //创建数据源
    List<UserInfo> users = new List<UserInfo>();
    for (int i = 0; i < 10; i++)
    {
        users.Add(new UserInfo
        {
            Id = i,
            Username = "User0" + i.ToString(),
            Email = "User0" + i.ToString() + "@hp.com"
        });
    }
    //查询 Id 值小于 3，并且用户名称包含 0 的用户名称
    var result = from user in users
                 where user.Id < 3 && IsExistUsername(user.Username)
                 select user;
    //显示查询结果
    foreach (var v in result)
    {
        Response.Write(v.Username + "<br />");
    }
}

/// <summary>
/// 判断用户名称是否包含 0
/// </summary>
/// <param name="username">用户名</param>
private bool IsExistUsername(string username)
{
    return username.IndexOf("0") > -1;
}
```

执行上述代码，结果如图 8-6 所示。

图 8-6

8.4.3 select 子句

在 LINQ 查询表达式中，select 子句指定查询结果的类型和表现形式。LINQ 查询表达式必须以 select 子句或 group 子句结束，否则会给出错误提示。

下面的实例代码查询 Id 值小于 3 的用户，并使用 select 子句创建一个类型为 UserInfo 的序列。其中，序列包含 Id 和 Username 两个属性。该 select 子句使用 new 语句创建一个类型为 UserInfo 的序列，该类型包含 Id 和 Username。

```csharp
/// <summary>
/// select 子句
/// </summary>
private void SelectQuery()
{
    //创建数据源
    List<UserInfo> users = new List<UserInfo>();

    for (int i = 0; i < 10; i++)
    {
        users.Add(new UserInfo
        {
            Id = i,
            Username = "User0" + i.ToString(),
            Email = "User0" + i.ToString() + "@hp.com"
        });
    }
    //查询语句
    IEnumerable<UserInfo> result = from user in users
                                   where user.Id < 3
                                   select new UserInfo {
                                   Id = user.Id, Username = user.Username};

    //显示查询结果
    foreach (var v in result)
    {
        Response.Write(v.Username + "<br />");
    }
}
```

执行上述代码，结果如图 8-7 所示。

图 8-7

8.4.4 group 子句

在查询表达式中，group 子句对查询的结果进行分组，并返回元素类型为 IGrouping<TKey,TElement>的对象序列。

> TKey 指定 IGrouping<TKey,TElement>的键的类型，TElement 指定 Igrouping <TKey,TElement>的值的类型。访问 IGrouping<TKey,TElement>类型的值的方法与访问 IEnumerable<T>的元素的方式非常相似，在此不做详细介绍。

下面的代码实例中 GroupQuery()函数演示了 group 子句对查询的结果进行分组的方法，具体步骤说明如下。

(1) 创建数据类型为 List<UserInfo> 的数据源 users。

(2) 使用 group 子句对结果进行分组。其中，根据用户 Id(Id 属性的值)的序号的奇偶进行分组。

(3) 使用嵌套 foreach 语句输出查询的结果。

```
/// <summary>
/// group 子句
/// </summary>
private void GroupQuery()
{
    //创建数据源
    List<UserInfo> users = new List<UserInfo>();

    for (int i = 0; i < 10; i++)
    {
        users.Add(new UserInfo
        {
            Id = i,
            Username = "User0" + i.ToString(),
            Email = "User0" + i.ToString() + "@hp.com"
        });
    }

    //查询语句
    var result = from user in users
                 group user by user.Id % 2;

    //显示查询结果
    Response.Write("Id 为偶数" + "<br />");
    foreach(UserInfo ui in result.ElementAt(0))
    {
```

```
                Response.Write(ui.Username + "<br />");
            }

            Response.Write("Id 为奇数" + "<br />");
            foreach (UserInfo ui in result.ElementAt(1))
            {
                Response.Write(ui.Username + "<br />");
            }
        }
```

执行上述代码，结果如图 8-8 所示。

图 8-8

> **注意**
> 查询结果 result 的数据类型为 IEnumerable<IGrouping(Int32,UserInfo)>。因此输出查询结果信息语句时，需要首先将 IEnumerable 中的 IGrouping(Int32, UserInfo)取出来，然后使用 foreach 语句得到 IGrouping(Int32,UserInfo)中的 UserInfo 类型的元素。

8.4.5 orderby 子句

在 LINQ 查询表达式中，orderby 子句可以对查询结果进行排序。排序方式可以为 "升序" 或 "降序"，且排序的键可以为一个或多个。

> **注意**
> LINQ 查询表达式对查询结果的默认排序方式为 "升序"。

下面的实例代码中的 OrderQuery()函数演示了 orderby 子句对查询的结果进行倒序排序的方法，具体步骤说明如下。

(1) 创建数据类型为 List<userInfo>的数据源 users。
(2) 使用 where 子句选择 ID 值小于 5 的用户。

(3) 使用 orderby 子句对查询结果按照用户的名称进行降序排序。

(4) 使用 foreach 语句输出查询的结果。

```csharp
/// <summary>
/// orderby 子句
/// </summary>
private void OrderbyQuery()
{
    //创建数据源
    List<UserInfo> users = new List<UserInfo>();
    for (int i = 0; i < 10; i++)
    {
        users.Add(new UserInfo
        {
            Id = i,
            Username = "User0" + i.ToString(),
            Email = "User0" + i.ToString() + "@hp.com"
        });
    }
    //查询语句
    var result = from user in users
                 where user.Id < 5
                 orderby user.Username descending
                 select user;
    //显示查询结果
    foreach (var v in result)
    {
        Response.Write(v.Username + "<br />");
    }
}
```

执行上述代码，结果如图 8-9 所示。

图 8-9

8.4.6　into 子句

在 LINQ 查询表达式中，into 子句可以创建一个临时标识符，使用该标识符可以存储 group、join 或 select 子句的结果。下面的实例代码中的 GroupOtherQuery()函数演示了 group 子句对查询的结果进行分组的方法，具体步骤说明如下。

(1) 创建数据类型为 List<UserInfo>的数据源 users。

(2) 使用 group 子句对结果进行分组。其中，根据用户 Id(Id 属性的值)的序号进行分组，将 10 个用户分为三组。

(3) 使用 into 子句创建临时标识符 g 存储查询结果。

(4) 使用 where 子句筛选组包含元素的数量大于 3 的组。

(5) 使用嵌套 foreach 语句输出查询的结果。

```csharp
/// <summary>
/// into 子句
/// </summary>
private void IntoQuery()
{
    //创建数据源
    List<UserInfo> users = new List<UserInfo>();
    for (int i = 0; i < 10; i++)
    {
        users.Add(new UserInfo
        {
            Id = i,
            Username = "User0" + i.ToString(),
            Email = "User0" + i.ToString() + "@hp.com"
        });
    }
    //查询语句
    var result = from user in users
                 group user by user.Id % 3 into g
                 where g.Count() > 3     //筛选组包含元素的数量大于 3 的组
                 select g;
    //显示查询结果
    foreach (var v in result)
    {
        foreach (UserInfo ui in v)
        {
            Response.Write(ui.Username + "<br />");
        }
    }
}
```

执行上述代码，结果如图 8-10 所示。

图 8-10

 注意

一般情况下，group 子句不需要使用 into 子句。如果需要对 group 子句的结果中的每一个组进行操作，则需要使用 into 子句来表示结果中的组。

8.4.7 join 子句

在 LINQ 查询表达式中，join 子句比较复杂，它可以设置两个数据源之间的关系。当然，这两个数据源之间必须存在关联的属性或值。join 子句可以实现以下 3 种联接关系。

(1) 内部联接，元素的联接关系必须同时满足被联接的两个数据源。
(2) 分组联接，含有 into 子句的 join 子句。
(3) 左外部联接。

1. 内部联接

内部联接要求元素的联接关系必须同时满足被联接的两个数据源，和 SQL 语句中的 INNER JOIN 子句相似。下面的实例代码中的 InnerJoinQuery()函数演示了 join 子句内部联接 users 和 roles 数据源的查询方法，具体步骤说明如下。

(1) 创建两个数据源：users 和 roles。其中，users 数据源的数据类型为 List<UserInfo>，roles 数据源的数据类型为 List<RoleInfo>。
(2) 使用 where 子句筛选元素的 Id 值小于 9 的元素。
(3) 使用 join 子句内部联接 roles 数据源，联接关系为"相等"。
(4) 使用 foreach 语句输出查询的结果。

```csharp
/// <summary>
/// join 内部联接子句
/// </summary>
private void InnerJoinQuery()
{
    //创建数据源
    List<UserInfo> users = new List<UserInfo>();
    List<RoleInfo> roles = new List<RoleInfo>();

    for (int i = 0; i < 10; i++)
    {
        users.Add(new UserInfo
        {
            Id = i,
            Username = "User0" + i.ToString(),
            Email = "User0" + i.ToString() + "@hp.com",
            RoleID = 2 * i
        });
        roles.Add(new RoleInfo { RoleID = i, RoleName = "Role0" + i.ToString() });
    }
    //查询语句
    var result = from user in users
                 where user.Id < 9
                 join role in roles on user.RoleID equals role.RoleID
                 select new { user.Username, role.RoleName };
```

```
        //显示查询结果
        foreach (var v in result)
        {
            Response.Write(v.Username + " " + v.RoleName + "<br />");
        }
    }
```

执行上述代码，结果如图 8-11 所示。

2. 分组联接

含有 into 子句的 join 子句称为分组联接。分组联接产生分层数据结构，它将第 1 个集合中的每个元素与第 2 个集合中的一组相关元素进行匹配。在查询结果中，第 1 个集合中的元素都会出现在查询结果中。如果第 1 个集合中的元素在第 2 个集合中找到相关元素，则使用被找到的元素，否则为空。

图 8-11

下面的实例代码中的 GroupJoinQuery()函数演示了 join 子句分组联接 users 和 roles 数据源的查询方法，具体步骤说明如下。

(1) 创建两个数据源：users 和 roles。其中，users 数据源的数据类型为 List<UserInfo>，roles 数据源的数据类型为 List<RoleInfo>。

(2) 使用 where 子句筛选元素的 ID 值小于 9 的元素。

(3) 使用 join 子句分组联接 roles 数据源，联接关系为"相等"，组的标识符为"g"。

(4) 使用 select 子句查询一个新类型的数据。其中，Roles 属性的值为分组 g 的值，它包含第一个集合的元素(用户)相关角色的列表。

(5) 使用 foreach 语句输出查询的结果。

```
/// <summary>
/// join 分组联接子句
/// </summary>
private void GroupJoinQuery()
{
    //创建数据源
    List<UserInfo> users = new List<UserInfo>();
    List<RoleInfo> roles = new List<RoleInfo>();

    for (int i = 0; i < 10; i++)
    {
        users.Add(new UserInfo
        {
            Id = i,
            Username = "User0" + i.ToString(),
            Email = "User0" + i.ToString() + "@hp.com",
            RoleID = 2 * i
        });
```

```
                roles.Add(new RoleInfo { RoleID = i, RoleName = "Role0" + i.ToString() });
        }

        //查询数据
        var result = from user in users
                     where user.Id < 9
                     join role in roles on user.RoleID equals role.RoleID into g
                     select new
                     {
                         ID = user.Id,
                         Username = user.Username,
                         Role = g.ToList()
                     };

        //显示查询结果
        foreach (var v in result)
        {
            string rolename = v.Role.Count > 0 ?
                                    v.Role[0].RoleName : string.Empty;
            Response.Write(v.Username + "," + rolename + "<br />");
        }
}
```

执行上述代码,结果如图 8-12 所示。

3. 左外部联接

左外部联接与 SOL 语句中的 LEFT JOIN 子句比较相似,它将返回第 1 个集合中的每一个元素,而无论该元素在第 2 个集合中是否具有相关元素。

图 8-12

注意

> LINQ 查询表达式若要执行左外部联接,往往与 DefaultlfEmpty()方法和分组联接结合起来使用。如果第 1 个集合中的元素没有找到相关元素,DefaultlfEmpty()方法可以指定该元素的相关元素的默认元素。

下面的实例代码中的 LeftOutJoinouery()函数演示了 join 子句左外部联接 users 和 roles 数据源查询方法,具体步骤说明如下。

(1) 创建两个数据源:users 和 roles。其中,users 数据源的数据类型为 List<UserInfo>,roles 数据类型为 List<RoleInfo>。

(2) 使用 where 子句筛选元素的 Id 值小于 9 的元素。

(3) 使用 join 子句分组联接 roles 数据源,联接关系为"相等",组的标识符为 gr。

(4) 使用 from 子句选择 gr 分组的默认元素。

(5) 使用 select 子句查询一个新类型的数据。其中，roles 属性值为分组 gr 的值，它包含第一个集合的元素(用户)相关角色列表。

(6) 使用 foreach 语句输出查询的结果。

```csharp
/// <summary>
/// join 左外联接子句
/// </summary>
private void LeftOutJoinQuery()
{
    //创建数据源
    List<UserInfo> users = new List<UserInfo>();
    List<RoleInfo> roles = new List<RoleInfo>();

    for (int i = 0; i < 10; i++)
    {
        users.Add(new UserInfo
        {
            Id = i,
            Username = "User0" + i.ToString(),
            Email = "User0" + i.ToString() + "@hp.com",
            RoleID = 2 * i
        });

        roles.Add(new RoleInfo { RoleID = i,
                RoleName = "Role0" + i.ToString() });
    }

    //查询数据
    var result = from user in users
                 where user.Id < 9
                 join role in roles on user.RoleID equals
                 role.RoleID into gr
                 from ur in gr.DefaultIfEmpty()
                 select new
                 {
                     ID = user.Id,
                     Username = user.Username,
                     Role = gr.ToList()
                 };

    //显示查询结果
    foreach (var v in result)
    {
        string rolename = v.Role.Count > 0 ?
```

```
                        v.Role[0].RoleName : string.Empty;
            Response.Write(v.Username + "," + rolename + "<br />");
        }
    }
```

执行上述代码，结果如图 8-13 所示。

图 8-13

8.4.8 let 子句

在 LINQ 查询表达式中，let 子句可以创建一个新的范围变量，并且使用该变量保存表达式中的结果。let 子句指定的范围变量的值只能通过初始化操作进行赋值，范围变量的值一旦被初始化，将不能再被改变。

下面的代码示例中的 LetQuery()函数演示了 let 子句查询的方法，具体步骤说明如下。

(1) 创建数据类型为 List<UserInfo>的数据源 users。

(2) 使用 let 子句创建 number 范围变量，并初始化为用户名称中的序列号。

(3) where 子句查询 Id 值小于 9，且用户名称中的序列号(存储在 number 范围变量中)为偶数的用户。

(4) 使用 foreach 语句输出查询的结果。

```
/// <summary>
/// let 查询子句
/// </summary>
private void LetQuery()
{
    //创建数据源
    List<UserInfo> users = new List<UserInfo>();

    for (int i = 0; i < 10; i++)
    {
        users.Add(new UserInfo
        {
            Id = i,
            Username = "User0" + i.ToString(),
            Email = "User0" + i.ToString() + "@hp.com"
```

```
            });
        }
        //查询数据
        var result = from user in users
                    let number = Int32.Parse(
                        user.Username.Substring(user.Username.Length - 1))
                    where user.Id < 9 && number % 2 == 0
                    select user;
        //显示查询结果
        foreach (var v in result)
        {
            Response.Write(v.Username + "<br />");
        }
    }
```

执行上述代码,结果如图 8-14 所示。

图 8-14

8.5 LINQ 的应用

LINQ 主要应用于操作集合中。前面的事例中都是操作泛型集合 List,其实只要是集合都可以,如 Array 数组、Dictionary<K,V>词典、字符串(字符的集合)、文件夹(文件的集合)、DataSet(DataTable 的集合)、DataTable(DataRow 的集合)等,Linq to Object 和 Linq to DataSet 本质上并没有差别,只是在操作 DataSet 或 DataTable 时的语法与操作其他集合不一样。下面的例子演示了如何使用 Linq 操作 DataSet。

(1) 新建 LinqDB 数据库,表结构如图 8-15 所示。

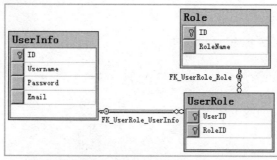

图 8-15

(2) 获取数据源，使用 InitialDataSet()方法获取 UserInfo、UserRole 和 Role 三个表的数据。

```
private DataSet InitialDataSet()
{
    string constr = ConfigurationManager.ConnectionStrings["linqdb"].ConnectionString;
    string sql = "select * from UserInfo;select * from UserRole;
                  select * from Role";
    DataSet ds = new DataSet();
    SqlDataAdapter sda = new SqlDataAdapter(sql,constr);
    sda.Fill(ds);
    return ds;
}
```

(3) 将三个表联合起来，查询用户对应的角色。

```
/// <summary>
/// 查询多个表，选择用户对应的角色
/// </summary>
private void QueryMutilTable()
{
    DataSet ds = InitialDataSet();
    //将三个表联合起来，查询用户对应的角色
    var result = from user in ds.Tables["UserInfo"].AsEnumerable()
                 join ur in ds.Tables["UserRole"].AsEnumerable()
                 on user.Field<int>("ID") equals ur.Field<int>("UserID")
                 join role in ds.Tables["Role"].AsEnumerable()
                 on ur.Field<int>("RoleID") equals role.Field<int>("ID")
                 select new
                 {
                     Username = user.Field<string>("Username"),
                     UserRole = role.Field<string>("RoleName")
                 };
    //显示查询的结果
    foreach (var r in result)
    {
        Response.Write(r.Username + ":" + r.UserRole + "<br/>");
    }
}
```

执行上述代码，结果如图 8-16 所示。

图 8-16

【单元小结】

- 查询(Query)是一组指令，这些指令可以从一个或多个给定的数据源中检索数据，并指定检索结果的数据类型和表现形式。
- LINQ 查询表达式必须包含 from 子句，且以 from 子句开头。
- 在 LINQ 查询表达式中，where 子句指定筛选元素的逻辑条件。
- 在 LINQ 查询表达式中，select 子句指定查询结果的类型和表现形式。
- 在查询表达式中，group 子句对查询的结果进行分组，并返回元素类型为 IGrouping<TKey,TElement>的对象序列。
- 在 LINQ 查询表达式中，orderby 子句可以对查询结果进行排序。
- 在 LINQ 查询表达式中，into 子句可以创建一个临时标识符，使用该标识符可以存储 group、join 或 select 子句的结果。
- 在 LINQ 查询表达式中，join 子句比较复杂，它可以设置两个数据源之间的关系。
- 在 LINQ 查询表达式中，let 子句可以创建一个新的范围变量，并且使用该变量保存表达式中的结果。

【单元自测】

1. 关于 LINQ 的数据源，下列说法错误的是(　　)。
   A. 可以是任意 DataSet
   B. 只要实现 IEnumerable 这个接口都可以充当 LINQ 的数据源
   C. 只要实现 IEnumerable<T>这个接口都可以充当 LINQ 的数据源
   D. 因为有 LINQ to Object，所以只要是 Object 都可以
2. 关于 LINQ 的联接查询，下列说法错误的是(　　)。
   A. 需要使用 join...on
   B. 表示联接条件的语句可以使用 "="
   C. 表示联接条件的语句可以使用 equals
   D. 分组查询需要使用 into
3. 使用 LINQ 编写一个方法，计算任意长度字符串中不同的字符以及它的个数，并在网页上打印出来。

【上机实战】

上机目标

掌握 LINQ 的使用。

上机练习

◆ 第一阶段 ◆

练习 1：为 eshop 实现后台销售统计功能

界面如图 8-17 所示。

销售统计

网上商城总共销售商品39 件，总销售额￥3,108.80 ，总盈利￥836.80

序号	产品名称	进价	销售价	利润	访问次数	销售数量	销售额	总盈利
1	Dreamweaver 8.0全方位实作经典	￥30.00	￥48.30	￥18.30	18	6	￥289.80	￥109.80
2	天马行空	￥50.00	￥72.00	￥22.00	0	7	￥504.00	￥154.00
3	未来中国	￥36.00	￥55.00	￥19.00	0	9	￥495.00	￥171.00
4	我爱我家	￥42.00	￥59.00	￥17.00	1	6	￥354.00	￥102.00
5	十年	￥34.00	￥55.00	￥21.00	9			
7	心心相印	￥100.00	￥120.00	￥20.00	0			
8	去留无声	￥100.00	￥120.00	￥20.00	0			
9	爱我中华	￥100.00	￥120.00	￥20.00	0			
10	雁过留声	￥128.00	￥75.00	￥-53.00	0	1	￥75.00	￥-53.00
11	好莱坞经典	￥130.00	￥180.00	￥50.00	0	5	￥900.00	￥250.00
12	大好河山	￥80.00	￥95.00	￥15.00	0			
13	营销之道	￥136.00	￥160.00	￥24.00	0			
14	丛林法则	￥600.00	￥700.00	￥100.00	0			
15	摄影技术	￥45.00	￥75.00	￥30.00	0			
16	电脑维修	￥79.00	￥120.00	￥41.00	0			
17	旅游指南	￥70.00	￥98.00	￥28.00	0			
18	倾国倾城	￥140.00	￥178.00	￥38.00	6	2	￥356.00	￥76.00
19	Dreamweaver网页设计教程	￥36.00	￥45.00	￥9.00	0	3	￥135.00	￥27.00

图 8-17

【问题分析】

销售统计涉及 products、orders 和 orderdetails 三个表，可以使用 LINQ 来实现。

【参考步骤】

(1) 打开 eshop 电子商务网站并添加销售统计 SaleState.aspx 页面。

(2) 在该页面添加一个 GridView，并在后台添加一个 State()方法，代码如下所示。

```
public static List<Product> GetTop10ByHits()
{
    string sql = "Select top 10 * From products order by hits desc";
    SqlParameter[] ps = new SqlParameter[0];
    return GetProducts(sql, ps);
}
```

(3) 在 Default.aspx 页面中拖放一个 Repeater 和一个 ObjectDataSource，配置数据源控件 ObjectDataSource，代码如下所示。

```
<asp:ObjectDataSource ID="odsPro" runat="server"
    SelectMethod="GetTop10ByHits"
    TypeName="Eshop.ProductService">
</asp:ObjectDataSource>
```

(4) 编辑模板，代码如下。

```
<asp:Repeater ID="rptPro" runat="server" DataSourceID="odsPro">
    <HeaderTemplate>
        单击排行榜
        <ul>
    </HeaderTemplate>
    <ItemTemplate>
        <li>
<a href='<%# Eval("productid","ProductDetail.aspx?pid={0}") %>'>
            <%# Eval("productname") %>
        </a></li>
    </ItemTemplate>
    <FooterTemplate>
        </ul>
    </FooterTemplate>
</asp:Repeater>
```

◆ **第二阶段** ◆

练习 2：在第一阶段练习 1 的基础上实现可以按销售量或销售额或总盈利从大到小排序

【拓展作业】

现有班级类 Class 和学生类 Student 的代码如下：

```
public class Class
{
    public int C_ID{get;set;}              //班级编号
    public string C_Name{get;set;}         //班级名称
}
public class Student
{
    public int C_ID{get;set;}              //班级编号
    public string S_Name{get;set;}         //学生姓名
    public List<int> Scores{get;set;}      //成绩列表
}
```

现有班级数据源 List<Class>lstClass=newList<Class>{...}和学生数据源 List<Student> lstStu=new List<Student>{...}，请完成下列任务。

- 查询七班姓张的学生。
- 根据班级编号对学生分组，并对每组学生按姓名升序排列。
- 查询平均成绩大于 70 的学生的姓名、所属的班级名称和平均分。

单元九

使用 Repeater 进行数据展示

 课程目标

- ▶ 掌握绑定到数组的方法
- ▶ 学会使用 Repeater 控件
- ▶ 掌握嵌套绑定的方法

 简介

在前面两个单元中,我们完成了数据的展示和更新,学习了如何使用 SqlDataSource 和 ObjectDataSource 控件进行数据的绑定。在数据绑定控件方面,学习了 GridView 和 FormView 的一般应用,这两个控件具有复杂的功能,实际上 ASP.NET 还提供了一个专门用于展示数据的 Repeater 控件。

在这一单元中我们将学习如何使用 Repeater 控件来进行简单和嵌套的数据绑定。

9.1 Repeater 简介

Repeater 控件和其他数据绑定控件相比,其功能很简单——只能显示数据,也因为功能简单,所以其执行效率高,通常用其来实现各种特殊列表,如销售排行榜等。Repeater 控件的常用模板如表 9-1 所示。

表 9-1 Repeater 控件的常用模板

模 板	说 明
ItemTemplate	一般项模板,该模板会应用多次
AlternatingItemTemplate	交替项模板,该模板会应用多次
HeaderTemplate	头模板,在项模板之前,只应用一次,不能使用 Eval 绑定
FooterTemplate	尾模板,在项模板之后,只应用一次,不能使用 Eval 绑定

Repeater 控件的属性和事件都很少,常用的事件只有 ItemDataBound。

Repeater 控件还有一个特别之处,就是其他控件的模板支持设计视图,而 Repeater 只能在代码视图下编辑模板。

9.2 绑定到数组

前面我们学习的绑定技术全部是绑定到 DataView 或实体对象,这时可以使用 Eval("字段或属性名")来获取信息,但在某些情况下的信息并不总是以实体对象或 DataView 来提供的,比如以数组形式提供信息,这时仍然可以使用数据绑定技术,只是需要使用<%# Contailer.DataItem %>来进行数据绑定。

Pubs 数据库中的作者来自不同的州,下面使用 Repeater 控件来显示这些州。

(1) 新建网站 Example9_1。

(2) 在 Default.aspx 页面中拖放一个 Repeater 控件,编辑后台代码,为该 Repeater1 提供数据源,代码如下。

```csharp
protected void Page_Load(object sender, EventArgs e)
{
    if (!Page.IsPostBack)
    {
        string[] states = GetStates();
        //绑定到数组
        this.Repeater1.DataSource = states;
        this.Repeater1.DataBind();
    }
}

private static string[] GetStates()
{
    string constr = ConfigurationManager.ConnectionStrings["pub"].ConnectionString;
    SqlDataSource sds = new SqlDataSource(constr,
    "select distinct state from authors");
    DataView dv =
    (DataView)sds.Select(DataSourceSelectArguments.Empty);
        string[] states = new string[dv.Count];
        for (int i = 0; i < dv.Count; i++)
            states[i] = dv[i][0].ToString();
        return states;
}
```

(3) 将 Default.aspx 切换到代码视图，编辑 Repeater1 的模板，由于绑定到数组，所以要使用<%# Container.DataItem%>绑定表达式，代码如下。

```
<asp:Repeater ID="Repeater1" runat="server">
    <HeaderTemplate>
        <ul>
        <!--头模板结束-→
    </HeaderTemplate>
    <ItemTemplate>
        <li style="color: GrayText">
            <%# Container.DataItem%>
        </li>
    </ItemTemplate>
    <AlternatingItemTemplate>
        <li>
            <%# Container.DataItem%>
        </li>
    </AlternatingItemTemplate>
<FooterTemplate>
        <!—开始尾模板-→
        </ul>
    </FooterTemplate>
</asp:Repeater>
```

为了使用一个无序列表来显示所有州，在 HeaderTemplate 头模板中放置了一个无序列表的开始标记<ul>，在 FooterTemplate 尾模板中放置了一个无序列表的结束标记</ul>，由于项模板和交替项模板都会重复，所以其中放置列表项<li>...</li>即可。

(4) 运行结果如图 9-1 所示。

图 9-1

(5) 查看源文件，可以看到 Repeater1 控件形成了如下的 HTML 标签内容。

```
<ul>
<!--头模板结束-→
            <li style="color: GrayText" >
                    CA
            </li>
            <li>
                    hb
            </li>
            <li style="color: GrayText" >
                    IN
            </li>
            <li>
                    KS
            </li>
            <li style="color: GrayText" >
                    MD
            </li>
<li>
                    MI
            </li>
            <li style="color: GrayText" >
                    OR
            </li>
            <li>
                    TN
            </li>
            <li style="color: GrayText" >
```

```
                    UT
            </li>
<!--开始尾模板-->
</ul>
```

从 HTML 源代码可以看出,头模板和尾模板不会重复,只有一般项模板和交替项模板会重复出现。

在数据绑定表达式中 Container 代表数据源,也就是数据绑定控件的 DataSource 属性的值。Container.DataItem 代表数据源中的一项,如果数据源是 DataView,则 Container.DataItem 就代表一个 DataViewRow,如果数据源是 List<Product>,则 Container.DataItem 就代表一个 Product 对象。在程序中如果需要,可以将 Container.DataItem 强制转换为对应的实际类型,这种转换在各种数据源控件的 RowDataBound 事件或 ItemDataBound 事件中经常使用到,例如绑定到 DataView 或 DataTable 时,可以使用 <%#((DataRowView)Container.DataItem)["字段名"]%> 表达式,或者在事件中使用 DataRowView drv = e.DataItem as DataRowView。

9.3 销售排行榜

Pubs 数据库中存在多个出版社,每个出版社又出版了许多书籍,现在需要做一个销售排行榜,将所有出版社出版的所有书籍中的销售量前 10 名的书籍显示出来,如果销售量相同则优先显示出版日期比较近的书籍。

(1) 新建网站 Example9_2,并添加一个页面 TitleDetail.aspx。
(2) 在 Default.aspx 页面中拖放一个 Repeater 控件和一个 SqlDataSource 控件。
(3) 首先配置数据源控件,从 titles 表中取出需要的数据,由于只取出前 10 条记录,所以使用自定义的 SQL 语句来实现,配置完成后的代码如下。

```
<asp:SqlDataSource ID="dsTopSale" runat="server"
    ConnectionString="<%$ ConnectionStrings:pub %>"
            SelectCommand="SELECT top 10 [title_id], [title] FROM [titles]
            ORDER BY [ytd_sales] DESC, [pubdate] DESC">
</asp:SqlDataSource>
```

(4) 编辑 Repeater 的模板,使用表格和有序列表来实现,代码如下。

```
<asp:Repeater ID="rptTopSale" runat="server"
            DataSourceID="dsTopSale">
    <HeaderTemplate>
        <table border="1">
            <tr>
                <td align="center">
                    销售排行榜
                </td>
            </tr>
```

```
                    <tr>
                        <td>
                            <ol>
        </HeaderTemplate>
        <ItemTemplate>
            <li>
            <a href='<%# Eval("title_id","TitleDetail.aspx?tid={0}")%>'>
                <%# Eval("title") %>   </a>
            </li>
        </ItemTemplate>
        <FooterTemplate>
            </ol></td> </tr> </table>
        </FooterTemplate>
</asp:Repeater>
```

注意代码中的 Eval 用法 Eval("title_id","TitleDetail.aspx?tid={0}")，这里使用了 Eval 的一个重载：Eval("属性","格式化字符串")，这个重载返回的是格式化以后的字符串。

(5) 运行程序，结果如图 9-2 所示。

图 9-2

从结果可以看出，有些书籍的书名太长，不利于网页布局，可以只显示出书名的前 30 个字符，完整的书名用提示(<a title="提示信息">)来实现，这样做需要借助绑定到方法来实现。

(6) 在页面后台添加一个只取书名前 30 个字符的方法，代码如下。

```
protected string GetSubTitle(object title)
{
    string t = title.ToString();
    if (t.Length <= 30)
        return t;
    else
        return t.Substring(0, 27) + "...";
}
```

(7) 修改模板的绑定代码如下。

```
<a href='<%# Eval("title_id","TitleDetail.aspx?tid={0}")%>'
    title='<%# Eval("title") %>'>
    <%# GetSubTitle(Eval("title")) %>
</a>
```

(8) 重新运行，结果如图9-3所示。

图 9-3

(9) 把光标放到第7项上，会发现提示信息不正确，查看网页源代码为title='The Busy Executive's Database Guide'，提示错误的原因是书名本身已经包含了单引号，需要将该单引号转义才能正确显示，为此在后台再添加一个方法，代码如下。

```
protected string Format(object title)
{
    string t = title.ToString();
    return t.Replace("'", "&#39;");
}
```

(10) 再次修改模板的绑定代码如下。

```
<a href='<%# Eval("title_id","TitleDetail.aspx?tid={0}")%>'
    title='<%# Format(Eval("title")) %>'>
    <%# GetSubTitle(Eval("title")) %>
</a>
```

(11) 重新运行，提示完全正确。

9.4 嵌套绑定

上例中显示了出版社出版的所有书籍的排行榜，如果要为每个出版社显示销量前5名的排行榜，则必须要使用嵌套绑定。所谓嵌套绑定，就是数据绑定控件的数据项模板中再嵌套另一个数据绑定控件，内部数据绑定控件的内容一般是由外部数据绑定控件的当前数据项决定的。例如，pubs中有多个出版社，为了显示这些出版社，需要一个Repeater控件，但每个出版社又有很多的书籍，为了给每个出版社显示一个排行榜，就需要在Repeater的数据项模板中嵌套一个 Repeater 来显示该出版社的排行榜。嵌套绑定可以是同一种类的嵌套，也可以是不同种类的嵌套，比如可以是 Repeater 的项模板中再嵌套一个 Repeater，也可以是 Repeater 的项模板中再嵌套一个 GridView 或 FormView，还可以是 DataList 的项模板中再嵌套一个 GridView 等。

下面使用嵌套绑定为每个出版社显示销量前 5 名的排行榜。

（1）新建网站 Example9_3，添加 PublisherDetail.aspx 页面和 TitleDetail.aspx 页面。

（2）在 Default.aspx 页面中拖放一个 Repeater 控件和一个 SqlDataSource 控件。

（3）首先配置数据源控件，从 publishers 表中取出所有出版社信息，配置完成后的代码如下。

```
<asp:SqlDataSource ID="dsPublisher" runat="server"
    ConnectionString="<%$ ConnectionStrings:pub %>"
    SelectCommand="SELECT [pub_id], [pub_name] FROM [publishers]">
</asp:SqlDataSource>
```

（4）为 Repeater 编辑模板，用超链接显示出版社名称，代码如下。

```
<asp:Repeater ID="rptPublisher" runat="server"
              DataSourceID="dsPublisher">
    <HeaderTemplate>
        <table border="1">
    </HeaderTemplate>
    <ItemTemplate>
        <tr>
            <td>
                <a href='<%# Eval("pub_id","PublisherDetail.aspx?pubid={0}") %>'>
<%# Eval("pub_name") %> </a>销量排行榜
                <asp:Repeater ID="rptTitle" runat="server">
                </asp:Repeater>
            </td>
        </tr>
    </ItemTemplate>
    <FooterTemplate>
        </table>
    </FooterTemplate>
</asp:Repeater>
```

模板中的 rptTitle 用于显示该出版社的书籍排行榜，当 rptPublisher 进行绑定时应该取出当前绑定项的 pub_id，根据该 pub_id 取出该出版社的销量前 5 名书籍并显示在 rptTitle 中，这需要使用 rptPublisher 的数据项绑定事件 ItemDataBound。Repeater 控件每绑定一项就触发一次 ItemDataBound 事件，如果数据源有 10 条记录，则该事件至少触发 10 次，通过该事件的事件参数可以获得当前绑定项的有关信息，包括当前绑定项的类型、索引、所使用的数据等。

（5）为 rptPublisher 的 ItemDataBound 事件编写事件代码如下。

```csharp
protected void rptPublisher_ItemDataBound(object sender, RepeaterItemEventArgs e)
{
    string constr = ConfigurationManager. ConnectionStrings["pub"].ConnectionString;
    //获取当前绑定项的类型，只有项或交替项类型才执行
    if (e.Item.ItemType == ListItemType.Item
    || e.Item.ItemType == ListItemType.AlternatingItem)
    {
    //获取当前绑定项所使用的数据，也就是数据源提供的数据，由于数据源是
    SqlDataSource，所以这里要转换为DataView，如果数据源是泛型集合，
    则这里要转换为实体对象类型
        DataRowView drv = e.Item.DataItem as DataRowView;
        //为内部嵌套的 Repeater 提供数据源
        string pubid = drv["pub_id"].ToString();
        string sql = string.Format("select top 5 title_id,title
                        from titles where pub_id='{0}'
                        order by ytd_sales desc", pubid);
        SqlDataSource sds = new SqlDataSource(constr, sql);
        DataView dv =
            (DataView)sds.Select(DataSourceSelectArguments.Empty);
        //查找内部嵌套的 Repeater 控件
        Repeater rpt = e.Item.FindControl("rptTitle") as Repeater;
        rpt.DataSource = dv;
        rpt.DataBind();
    }
}
```

(6) 修改内部嵌套的 rptTitle 模板如下。

```html
<asp:Repeater ID="rptTitle" runat="server">
    <HeaderTemplate>
        <ul>
    </HeaderTemplate>
    <ItemTemplate>
        <li>
        <a href='<%#Eval("title_id","TitleDetail.aspx?tid={0}") %>'>
                <%#Eval("title") %>   </a>
        </li>
    </ItemTemplate>
    <FooterTemplate>
        </ul>
    </FooterTemplate>
</asp:Repeater>
```

(7) 运行网站，结果如图 9-4 所示。

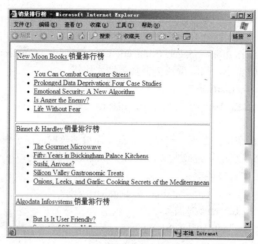

图 9-4

【单元小结】

- 绑定到数组。
- Repeater 的使用。
- 绑定到方法。
- 嵌套绑定。

【单元自测】

1. (　　)是功能最单一的数据绑定控件。

   A. GridView　　　B. DetailsView　　　C. FormView　　　D. Repeater

2. Repeater 控件每绑定一项触发一次 ItemDataBound 事件，GridView 每绑定一行触发一次(　　)事件。

   A. ItemDataBound　　　　　　　　B. RowDataBound

   C. DataBound　　　　　　　　　　D. RowBound

3. 已知代码 "Repeater1.DataSouce=newstring[]{"aa","bb","cc"};Repeater1.DataBound(　　);"，则正确的绑定语句是(　　)。

   A. <% = Eval("") %>　　　　　　　B. <%# Eval(Container.DataItem) %>

   C. <%# Eval("Container.DataItem") %>　　D. <%# Container.DataItem %>

4. 下列绑定到 Get(object obj)方法的代码，正确的是(　　)。

   A. <%# Eval("Get") %>　　　　　　B. <%# Get('Eval("info")') %>

   C. <%# Get(Eval("info")) %>　　　　D. <%# Get(Bind("info")) %>

5. 关于嵌套绑定，下列说法错误的是(　　)。

   A. GridView 可以嵌套 Repeater　　　B. Repeater 不可以嵌套 FormView

   C. FormView 可以嵌套 DetailsView　　D. DataList 可以嵌套 Repeater

单元九 使用Repeater进行数据展示

【上机实战】

上机目标

掌握 Repeater 控件的使用。

上机练习

◆ 第一阶段 ◆

练习：为 eshop 实现单击排行榜

【问题描述】
按单击次数排序，显示前 10 名的商品。

【问题分析】
只是显示数据，用 Repeater 最好，且一般排行榜都是在首页显示，方便用户查看。

【参考步骤】
(1) 打开 eshop 电子商务网站并添加首页 Default.aspx。
(2) 修改 ProductService.cs 文件，添加返回销量最大的 10 种商品的方法 GetTop10ByHits，代码如下所示。

```
public static List<Product> GetTop10ByHits()
{
    string sql = "Select top 10 * From products order by hits desc";
    SqlParameter[] ps = new SqlParameter[0];
    return GetProducts(sql, ps);
}
```

(3) 在 Default.aspx 页面中拖放一个 Repeater 和一个 ObjectDataSource，配置数据源控件 ObjectDataSource，代码如下所示。

```
<asp:ObjectDataSource ID="odsPro" runat="server"
    SelectMethod="GetTop10ByHits"
    TypeName="Eshop.ProductService">
</asp:ObjectDataSource>
```

(4) 编辑模板，代码如下。

```
<asp:Repeater ID="rptPro" runat="server" DataSourceID="odsPro">
```

```
            <HeaderTemplate>
                单击排行榜
                <ul>
            </HeaderTemplate>
            <ItemTemplate>
                <li>
<a href='<%# Eval("productid","ProductDetail.aspx?pid={0}") %>'>
                <%# Eval("productname") %>
                </a></li>
            </ItemTemplate>
            <FooterTemplate>
                </ul>
            </FooterTemplate>
        </asp:Repeater>
```

◆ **第二阶段** ◆

练习：为 eshop 实现商城及商品类别列表

 提示

此例效果在首页实现，外部的 Repeater 显示商城信息，内部的 Repeater 实现具体某个商城的商品类别，商城信息超链接到 Store.aspx，商品类别信息链接到 Typies.aspx。

【拓展作业】

1. 在首页上为 eshop 实现销量排行榜(必须是已经支付了的订单)，显示销量前 10 名的商品信息。

2. 改写理论课的 Example9_3 事例，将内部嵌套的 Repeater 控件改成 GridView 控件，内部的 GridView 只显示图书编号和图书名称两个字段，单击图书名称超链接到 TitleDetail.aspx 页面，在该页面用 DetailsView 控件显示图书详细信息。

单元十

使用 DataList 进行数据展示和编辑

 课程目标

- ▶ 学会使用 DataList 进行数据展示
- ▶ 学会使用 DataList 进行数据编辑
- ▶ 掌握 DataList 的嵌套绑定

 简介

在前面的两个单元中主要向大家介绍了数据的展示和更新。可以使用数据源控件和数据绑定控件实现数据绑定。其实，并非只有数据绑定控件可以实现数据的绑定，许多 Web 服务器控件也可以实现数据的绑定和展示。在本单元中我们将学习另外一个非常重要的数据展示控件 DataList。

10.1 DataList 简介

使用 GridView 进行数据展示时，一般用于多行多列数据的展示，它提供了分页、编辑、排序等特性。DataList 也用于多行多列的数据展示，但差别在于，GridView 的一个单元格对应于数据表中的一个单元格，而 DataList 的一个单元格对应于数据表中的一行记录，除此之外，DataList 也不支持双向绑定(Bind 绑定)、分页和排序，并且需要手工编写代码才能实现编辑、删除和更新功能。

DataList 拥有强大的模板特性，灵活性高，在 DataList 控件中除了支持 Repeater 控件中的五个模板以外，还支持如下两个模板。

(1) SelectedItemTemplate：控制如何格式化被选定的项。

(2) EditItemTemplate：控制如何格式化被编辑的项。

当选定 DataList 的一个项时(即 DataList 的 SelectedIndex 属性值为当前选定项的索引值)，将显示 SelectedItemTemplate；当在 DataList 中选择一个项来编辑(即 DataList 的 EditItemIndex 属性值为当前选定项的索引值)时，将显示 EditItemTemplate。

除了模板之外，DataList 还有很多常用的属性和事件，这些属性和事件的说明如表 10-1 所示。

表 10-1 DataList 还有很多常用的属性和事件

属　　性	说　　明
DataKeyField	主键列
EditItemIndex	编辑项的索引，可以将该属性设为-1 来取消编辑
RepeatColumns	显示结果的列数
SelectedIndex	选中项的索引，可以将该属性设为-1 来取消选中
CancelCommand	在 DataList 中单击 CommandName="cancel"的按钮时触发的事件，一般在该事件中取消编辑或取消删除
DeleteCommand	在 DataList 中单击 CommandName="delete"的按钮时触发的事件，一般在该事件中执行删除操作

(续表)

属 性	说 明
EditCommand	在 DataList 中单击 CommandName="edit"的按钮时触发的事件，一般在该事件中使 DataList 显示编辑模板
UpdateCommand	在 DataList 中单击 CommandName="update"的按钮时触发的事件，一般在该事件中执行更新操作
ItemCommand	在 DataList 中单击按钮时触发的事件，该事件一般用于处理非增删改查操作
ItemDataBound	数据绑定时每绑定完一项触发一次该事件
SelectedIndexChanged	当前选定项(SelectedIndex 属性)发生改变时触发的事件

10.2 使用 DataList 展示信息

Pubs 数据库中出版社信息包含在两个表中：publishers 和 pub_info，其中 pub_info 表存有出版社的 LOGO 信息，可以使用 DataList 将所有出版社展示出来，每个单元格展示一个出版社信息，每行展示 3 个出版社。

(1) 新建网站 Example10_1，删除 Default.aspx 页面并添加 Publisher.aspx 页面。

(2) 在 Publisher.aspx 页面中拖放一个 DataList 控件和一个 SqlDataSource 控件。

首先配置数据源控件，从 publishers 表和 pub_info 表中取出所有出版社信息，由于 DataList 不能调用数据源控件的删除和更新功能，所以数据源控件不用提供删除和更新 Command，配置完成后的代码如下。

```
<asp:SqlDataSource ID="dsPublish" runat="server"
    ConnectionString="<%$ ConnectionStrings:pub %>"
    SelectCommand="SELECT pub_info.pub_id, logo,  pub_name,
        city, state,country FROM pub_info
        INNER JOIN publishers ON
        pub_info.pub_id = publishers.pub_id">
</asp:SqlDataSource>
```

(3) 设置 DataList 的数据源控件为 dsPublish，并设置 DataList 的相关属性如表 10-2 所示。

表 10-2 DataList 的相关属性

属 性	值
ID	dlPublisher
BorderWidth	1px
DataKeyField	pub_id
GridLines	both
RepeatColumns	3

(4) 编辑 DataList 的项模板,用表格布局显示每个出版社信息,并添加一个"编辑"按钮和一个"删除"按钮,编辑后的代码如下。

```
<ItemTemplate>
    <table>
        <tr>
            <td>
                出版社编号</td>
            <td>
                <asp:Literal ID="ltrID" runat="server"
                    Text='<%# Eval("pub_id") %>'></asp:Literal>
            </td>
        </tr>
        <tr>
            <td>
                出版社名称</td>
            <td>
                <asp:Literal ID="ltrName" runat="server"
                    Text='<%# Eval("pub_name") %>'></asp:Literal>
            </td>
        </tr>
        <tr>
            <td>
                国家</td>
            <td>
                <asp:Literal ID="ltrCountry" runat="server"
                    Text='<%# Eval("country") %>'></asp:Literal>
            </td>
        </tr>
        <tr>
            <td>
                州</td>
            <td>
                <asp:Literal ID="ltrState" runat="server"
                    Text='<%# Eval("state") %>'></asp:Literal>
            </td>
        </tr>
        <tr>
            <td>
                城市</td>
            <td>
                <asp:Literal ID="ltrCity" runat="server"
                    Text='<%# Eval("city") %>'></asp:Literal>
            </td>
        </tr>
        <tr>
            <td>
```

```
                LOGO</td>
            <td>
                <asp:Image ID="imgLOGO" runat="server"
                    Height="30px" Width="158px" BorderWidth="1px"
                    BorderStyle="Solid" BorderColor="GrayText"/>
            </td>
        </tr>
        <tr>
            <td align="center" colspan="2">
                <asp:Button ID="btnEdit" runat="server" Text="编辑"
                    CommandName="edit" />
                        
                <asp:Button ID="btnDel" runat="server" Text="删除"
                    CommandName="delete" />
            </td>
        </tr>
    </table>
</ItemTemplate>
```

(5) 由于 LOGO 信息是以二进制形式存储在数据库中的，所以不能直接给模板中的 Image 控件 imgLOGO 做数据绑定，需要借助事件 ItemDataBound 才能完成。事件代码如下：

```
protected void dlPublisher_ItemDataBound(object sender,
            DataListItemEventArgs e)
{
    if (e.Item.ItemType == ListItemType.Item
        || e.Item.ItemType == ListItemType.AlternatingItem)
    {
        DataRowView drv = e.Item.DataItem as DataRowView;
        string pubid = drv["pub_id"].ToString();
        string imgpath = Server.MapPath("~/publogos/"
                            + pubid + ".jpg");
        if (!File.Exists(imgpath))
        {
            byte[] img = drv["logo"] as byte[];
            MemoryStream ms = new MemoryStream(img);
            System.Drawing.Image image
                        = System.Drawing.Image.FromStream(ms);
            image.Save(imgpath,
                    System.Drawing.Imaging.ImageFormat.Jpeg);
        }
        Image imgLOGO = e.Item.FindControl("imgLOGO") as Image;
        imgLOGO.ImageUrl = "~/publogos/" + pubid + ".jpg";
    }
}
```

(6) 运行网站，结果如图 10-1 所示。

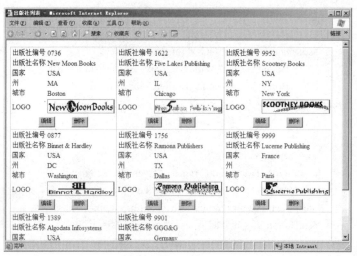

图 10-1

10.3 使用 DataList 编辑信息

前面只实现了显示功能，下面继续修改代码，完成删除和更新出版社的功能。

(1) "删除"按钮的 CommandName 为"delete"，单击该按钮会触发"DeleteCommand"事件，可以在该事件中执行删除功能。由于涉及从两个表同时删除数据，所以要使用事务，该事件的代码如下。

```
protected void dlPublisher_DeleteCommand(object source,
            DataListCommandEventArgs e)
{
    //获取主键
    object obj = this.dlPublisher.DataKeys[e.Item.ItemIndex];
    string pubid = obj.ToString();
    string constr = ConfigurationManager.
        ConnectionStrings["pub"].ConnectionString;
    SqlConnection conn = new SqlConnection(constr);
    SqlCommand comm = new SqlCommand();
    comm.CommandText="delete from pub_info where pub_id=" + pubid
        + ";delete from publishers where pub_id=" + pubid;
    comm.Connection = conn;
    conn.Open();
    SqlTransaction trans = conn.BeginTransaction();
    comm.Transaction = trans;
    try
    {
        comm.ExecuteNonQuery();
        trans.Commit();
    }
    catch (Exception ex)
```

```csharp
            {
                trans.Rollback();
                if (ex.Message.Contains("REFERENCE"))
                {
                    this.ClientScript.RegisterStartupScript(
                        this.GetType(), "delpuberrorbyemp",
                        "alert('该出版社还有雇员,请先删除雇员数据!');", true);
                }
                else
                {
                    this.ClientScript.RegisterStartupScript(
                        this.GetType(), "delpuberror",
                        string.Format("alert('{0}');", ex.Message), true);
                }
            }
            finally
    {
        if (conn.State == ConnectionState.Open)
                conn.Close();
    }
        //删除完毕,需要重新绑定才能更新界面
        this.dlPublisher.DataBind();
    }
```

(2) "编辑"按钮的 CommandName 为 "edit",单击该按钮会触发 "EditCommand" 事件,可以在该事件中执行切换到编辑模式功能,该事件的代码如下。

```csharp
protected void dlPublisher_EditCommand(object source,
            DataListCommandEventArgs e)
{
    this.dlPublisher.EditItemIndex = e.Item.ItemIndex;
    this.dlPublisher.DataBind();
}
```

(3) 编辑 DataList 的编辑模板,用表格布局显示每个出版社的信息,并添加一个 "更新"按钮和一个 "取消"按钮,编辑后的代码如下。

```html
<EditItemTemplate>
<table>
    <tr>
        <td>出版社编号</td>
        <td>
            <asp:Literal ID="ltrID" runat="server"
                Text='<%# Eval("pub_id") %>'></asp:Literal>
        </td>
    </tr>
    <tr>
        <td>出版社名称</td>
```

```
            <td>
                <asp:TextBox ID="txtName" runat="server"
                    Text='<%# Eval("pub_name") %>'></asp:TextBox>
            </td>
        </tr>
        <tr>
            <td>国家</td>
            <td>
                <asp:TextBox ID="txtCountry" runat="server"
                    Text='<%# Eval("country") %>'></asp:TextBox>
            </td>
        </tr>
        <tr>
            <td>州</td>
            <td>
                <asp:TextBox ID="txtState" runat="server"
                    Text='<%# Eval("state") %>'></asp:TextBox>
            </td>
        </tr>
        <tr>
            <td>城市</td>
            <td>
                <asp:TextBox ID="txtCity" runat="server"
                    Text='<%# Eval("city") %>'></asp:TextBox>
            </td>
        </tr>
        <tr>
            <td>LOGO</td>
            <td>
                <asp:FileUpload ID="fupLOGO" runat="server" />
            </td>
        </tr>
        <tr>
            <td align="center" colspan="2">
                <asp:Button ID="btnUpdate" runat="server"
                    Text="更新" CommandName="update" />
                        
                <asp:Button ID="btnCancel" runat="server"
                    Text="取消" CommandName="cancel" />
            </td>
        </tr>
    </table>
</EditItemTemplate>
```

出版社编号是主键，所以暂不需要编辑；DataList 不支持双向绑定，所以即使在编辑模式下也只能使用 Eval 绑定；LOGO 图标可以修改，使用 FileUpload 控件来上传文件；编辑模式下要么执行更新功能，要么取消编辑，所以将两个按钮的 CommandName 分别设置为"update"和"cancel"。

(4) "取消"按钮的 CommandName 为"cancel",单击该按钮会触发"CancelCommand"事件,可以在该事件中执行取消编辑并切换到项模板功能,该事件的代码如下。

```csharp
protected void dlPublisher_CancelCommand(object source,
            DataListCommandEventArgs e)
{
    this.dlPublisher.EditItemIndex = -1;
    this.dlPublisher.DataBind();
}
```

(5) "更新"按钮的 CommandName 为"update",单击该按钮会触发"UpdateCommand"事件,可以在该事件中执行更新功能,更新完毕再切换到项模板。更新操作也涉及两个表,所以也要使用事务来完成。该事件的代码如下。

```csharp
protected void dlPublisher_UpdateCommand(object source,
            DataListCommandEventArgs e)
{
    //获取主键
    object obj = this.dlPublisher.DataKeys[e.Item.ItemIndex];
    string pubid = obj.ToString();
    //通过 FindControl()方法查找控件
    TextBox txtname = e.Item.FindControl("txtName") as TextBox;
    string name = txtname.Text.Trim();
    TextBox txtcountry = e.Item.FindControl("txtCountry") as TextBox;
    string country = txtcountry.Text.Trim();
    TextBox txtstate = e.Item.FindControl("txtState") as TextBox;
    string state = txtstate.Text.Trim();
    TextBox txtcity = e.Item.FindControl("txtCity") as TextBox;
    string city = txtcity.Text.Trim();
    FileUpload fupLOGO = e.Item.FindControl("fupLOGO") as FileUpload;
    byte[] img = fupLOGO.FileBytes;
    //执行数据库操作
    string constr = ConfigurationManager.ConnectionStrings["pub"].ConnectionString;
    SqlConnection conn = new SqlConnection(constr);
    SqlCommand comm = new SqlCommand();
    string sql = "update publishers set 
            pub_name=@pub_name,city=@city,state=@state,
            country=@country where pub_id=" + pubid;
    sql += ";update pub_info set logo=@logo where pub_id=" + pubid;
    comm.CommandText = sql;
    comm.Parameters.AddWithValue("@pub_name", name);
    comm.Parameters.AddWithValue("@city", city);
    comm.Parameters.AddWithValue("@state", state);
    comm.Parameters.AddWithValue("@country", country);
    comm.Parameters.AddWithValue("@logo", img);
```

```
            comm.Connection = conn;
            conn.Open();
            SqlTransaction trans = conn.BeginTransaction();
            comm.Transaction = trans;
            try
            {
                comm.ExecuteNonQuery();
                trans.Commit();
                //删除 publogos 下的对应图标文件
                string imgpath = Server.MapPath("~/publogos/" + pubid + ".jpg");
                if (File.Exists(imgpath))
                    File.Delete(imgpath);
            }
            catch (Exception ex)
            {
                trans.Rollback();
                this.ClientScript.RegisterStartupScript(
                    this.GetType(), "updatepuberror",
                    string.Format("alert('{0}');", ex.Message), true);
            }
            finally
            {
                if (conn.State == ConnectionState.Open)
                    conn.Close();
            }
            //编辑完成后切换到项模板
            this.dlPublisher.EditItemIndex = -1;
            this.dlPublisher.DataBind();
        }
```

(6) 到此使用 DataList 显示、删除和修改出版社的功能全部完成，测试编辑和删除功能，结果都正确。

10.4 DataList 嵌套绑定

Repeater 控件通过嵌套绑定可以实现复杂的显示效果，同样 DataList 也可以使用嵌套绑定。Pubs 数据库中包含销售商店信息(stores 表)和商店的折扣信息(discounts 表)，下面的示例通过在 DataList 模板中嵌套 GridView 来展示和编辑商店和折扣信息。

(1) 由于 discounts 表中只含有很少的数据，通过修改和插入为该表提供如下数据表（见表 10-3）。

表 10-3 为 discounts 表提供数据

discounttype	stor_id	lowqty	highqty	discount
Customer Discount	6380	11	100	5
Initial Customer	7066	10	100	10.5
VIP Discount	6380	10	500	15
VIP Discount	7066	10	500	13
VIP Discount	7067	10	50	5
VIP Discount	7131	10	50	6
VIP Discount	7896	10	50	7
VIP Discount	8042	10	50	8
Volume Discount	6380	100	1000	6.7

(2) 由于该表没有主键，不便于本例的演示，特将该表的 discounttype 和 stor_id 设为联合主键。

(3) 新建网站 Example10_2，并在 Default.aspx 中拖放一个名为 dlStore 的 DataList 和一个名为 dsStore 的 SqlDataSource。

(4) 配置数据源如下。

```
<asp:SqlDataSource ID="dsStore" runat="server"
    ConnectionString="<%$ ConnectionStrings:pub %>"
    SelectCommand="SELECT * FROM [stores]">
</asp:SqlDataSource>
```

(5) 将 DataList 的数据源控件设置为 dsStore 并编辑项模板，修改后的模板代码如下。

```
<ItemTemplate>
    商店名称：
<asp:Label ID="lblname" ForeColor="Red" runat="server"
        Text='<%# Eval("stor_name") %>' />
    <asp:GridView ID="gvDiscount" runat="server" >
    </asp:GridView>
    <asp:SqlDataSource ID="dsDiscount" runat="server" >
    </asp:SqlDataSource>
    <asp:HiddenField ID="hfid" runat="server" />
</ItemTemplate>
```

模板只显示了商店名称。在模板内拖放一个显示折扣信息的 GridView 和一个为 GridView 提供数据的 SqlDataSource(名为 dsDiscount)，很明显，该 SqlDataSource 需要参数，该参数就是当前商店的主键列。该参数信息必须用某种方式存储并能够在页面回发时保持不变，因为修改和删除折扣信息必然需要该参数，为此在模板中添加一个 HiddenField 控件 hfdid，利用该 HiddenField 来存储参数信息，该控件的值在页面回发的过程中不会丢失，这样 dsDiscount 就可以在删除和更新时正常工作。

(6) 编辑模板中的数据源控件，代码如下。

```
<asp:SqlDataSource ID="dsDiscount" runat="server"
    ConnectionString="<%$ ConnectionStrings:pub %>"
DeleteCommand="DELETE FROM [discounts] WHERE
        [discounttype] = @discounttype AND [stor_id] = @stor_id"
SelectCommand="SELECT * FROM [discounts]
        WHERE ([stor_id] = @stor_id)"
UpdateCommand="UPDATE [discounts] SET [lowqty] = @lowqty,
        [highqty] = @highqty, [discount] = @discount
        WHERE [discounttype] = @discounttype
        AND [stor_id] = @stor_id">
    <SelectParameters>
        <asp:ControlParameter ControlID="hfdid"
            Name="stor_id" PropertyName="Value" Type="String" />
    </SelectParameters>
    <DeleteParameters>
        <asp:Parameter Name="discounttype" Type="String" />
        <asp:Parameter Name="stor_id" Type="String" />
    </DeleteParameters>
    <UpdateParameters>
        <asp:Parameter Name="lowqty" Type="Int16" />
        <asp:Parameter Name="highqty" Type="Int16" />
        <asp:Parameter Name="discount" Type="Decimal" />
        <asp:Parameter Name="discounttype" Type="String" />
        <asp:Parameter Name="stor_id" Type="String" />
    </UpdateParameters>
</asp:SqlDataSource>
```

(7) 编辑模板中的 GridView 控件，启用编辑和删除功能，代码如下。

```
<asp:GridView ID="gvDiscount" runat="server"
AutoGenerateColumns="False"
DataKeyNames="discounttype,stor_id"
    DataSourceID="dsDiscount" Caption="折扣信息">
    <Columns>
        <asp:CommandField ShowDeleteButton="True"
            ShowEditButton="True" />
        <asp:BoundField DataField="discounttype"
            HeaderText="折扣类型" ReadOnly="True"
            SortExpression="discounttype" />
        <asp:BoundField DataField="stor_id" HeaderText="商店编号"
            ReadOnly="True" SortExpression="stor_id" />
        <asp:BoundField DataField="lowqty" HeaderText="最低数量"
            SortExpression="lowqty" />
        <asp:BoundField DataField="highqty" HeaderText="最高数量"
            SortExpression="highqty" />
```

```
            <asp:BoundField DataField="discount" HeaderText="折扣额"
                  SortExpression="discount" />
        </Columns>
</asp:GridView>
```

(8) 虽然模板编辑完毕，但从未给 DataList 项模板内的 HiddenField 控件赋值，此时运行网站看不到折扣信息，这需要在 DataList 的 ItemDataBound 事件中处理，该事件代码如下。

```
protected void dlStore_ItemDataBound(object sender, DataListItemEventArgs e)
{
    if (e.Item.ItemType == ListItemType.Item
        || e.Item.ItemType == ListItemType.AlternatingItem)
    {
        DataRowView drv = e.Item.DataItem as DataRowView;
        string storid = drv["stor_id"].ToString();
        HiddenField hfid = e.Item.FindControl("hfdid") as HiddenField;
        //将商店编号赋给隐藏域控件
        hfid.Value = storid;
        //GridView 一定要重新绑定
        GridView gv = e.Item.FindControl("gvDiscount") as GridView;
        gv.DataBind();
    }
}
```

(9) 运行程序，结果如图 10-2 所示。

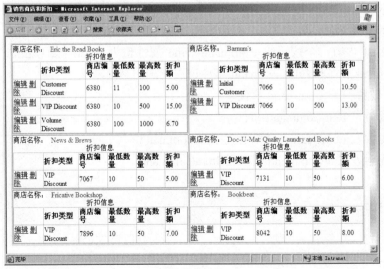

图 10-2

测试编辑和删除功能，都可以正确运行。

【单元小结】

- 使用 DataList 进行数据展示
- 使用 DataList 进行数据编辑和删除
- 嵌套模板

【单元自测】

1. 下面对 DataList 控件说法正确的是(　　)。
    A. DataList 支持 Repeater 控件的所有模板，并具有删除模板
    B. 与 GridView 比较，DataList 维护较为麻烦
    C. DataList 控件与 Repeater 控件相同，都可以实现对数据库的增删改查操作
    D. DataList 与 FormView 一样，一次只能显示一条记录
2. (　　)属性可按照水平或垂直的方向来相应地显示 DataList 控件中的数据。
    A. RepeatDirection B. Direction C. RepeatColumns D. ReadDirection
3. DataList 的换行符模板是(　　)。
    A. SeparatorTemplate   B. ItemTemplate
    C. TemplateField   D. AlternatingItemTemplate
4. DataList 内有一个按钮的 CommandName 属性值为"First"，则单击该按钮时会触发 DataList 的(　　)事件。
    A. SelectedIndexChanged   B. FirstCommand
    C. ItemDataBound   D. ItemCommand
5. DataList 内有一个按钮的 CommandName 属性值为"edit"，单击该按钮时下列关于 ItemCommand 事件和 EditCommand 事件说法正确的是(　　)。
    A. 只触发 EditCommand 事件
    B. 只触发 ItemCommand 事件
    C. 先触发 ItemCommand 后触发 EditCommand
    D. 先触发 EditCommand 后触发 ItemCommand

【上机实战】

上机目标

- 掌握 DataList 的常用功能
- 掌握 DataList 的模板嵌套用法

上机练习

◆ 第一阶段 ◆

练习:为 eshop 在首页实现展示最新商品和推荐商品的功能

效果如图 10-3 所示。

图 10-3

【问题描述】

需要展示的信息包括图片、商品名称、市场价和销售价,并且需要提供购买功能。需要实现的功能包括最新商品(前 4 种)的展示和推荐商品(前 4 种)的展示,展示的商品可以方便地添加到购物车中。

【问题分析】

考虑使用 DataList 控件。关于购买功能,可以在模板中添加一个按钮,将按钮的 CommandName 设为 select,这样单击该按钮会触发 DataList 的 SelectedIndexChanged,在该事件中将选择的商品添加到购物车。

【参考步骤】

(1) 打开 eshop。

(2) 修改 ProductService.cs,添加两个方法,代码如下。

```
public static List<Product> GetTop4ByAddtime()
{
    string sql = "Select top 4 * From products order by addtime desc";
    SqlParameter[] ps = new SqlParameter[0];
    return GetProducts(sql, ps);
}

public static List<Product> GetTop4ByRecommend()
{
    string sql = "Select top 4 * From products where isrecommend=1
```

```
            order by addtime desc";
        SqlParameter[] ps = new SqlParameter[0];
        return GetProducts(sql, ps);
    }
```

(3) 修改 Default 页面，增加两个 DataList 和两个 ObjectDataSource，为 DataList 设置主键后设置数据源并编辑模板，代码如下。

```
<asp:DataList ID="dlNew" runat="server" DataSourceID="odsNew"
    RepeatColumns="4" DataKeyField="ProductID"
    onselectedindexchanged="dlNew_SelectedIndexChanged">
    <ItemTemplate>
        <asp:Image ID="Image1" runat="server" Height="107px"
            ImageUrl='<%# Eval("Img","~/productimgs/{0}") %>'
            Width="131px" />
        <br />
        <asp:Label ID="ProductNameLabel" runat="server"
            Text='<%# Eval("ProductName") %>' /><br />
        <asp:Label ID="StartPriceLabel" runat="server"
            style="text-decoration:line-through"
            Text='<%# Eval("StartPrice", "{0:C}") %>' />
           
        <asp:Label ID="SalePriceLabel" runat="server"
            Text='<%# Eval("SalePrice") %>' />
        <br />
        <asp:Button ID="btnBuy" runat="server"
            CommandName="select" Text="购买" />
    </ItemTemplate>
</asp:DataList>
<asp:ObjectDataSource ID="odsNew" runat="server"
    SelectMethod="GetTop4ByAddtime"
    TypeName="Eshop.ProductService">
</asp:ObjectDataSource>
<br />

<asp:DataList ID="dlRecommend" runat="server"
    DataSourceID="odsRecommend"
    RepeatColumns="4" DataKeyField="ProductID"
    onselectedindexchanged="dlRecommend_SelectedIndexChanged">
    <ItemTemplate>
        <asp:Image ID="Image1" runat="server" Height="107px"
            ImageUrl='<%# Eval("Img","~/productimgs/{0}") %>'
            Width="131px" />
        <br />
        <asp:Label ID="ProductNameLabel" runat="server"
            Text='<%# Eval("ProductName") %>' /><br />
        <asp:Label ID="StartPriceLabel" runat="server"
            style="text-decoration:line-through"
```

```
                    Text='<%# Eval("StartPrice", "{0:C}") %>' />
                   
                <asp:Label ID="SalePriceLabel" runat="server"
                    Text='<%# Eval("SalePrice") %>' />
                <br />
                <asp:Button ID="btnBuy" runat="server"
                    CommandName="select" Text="购买" />
        </ItemTemplate>
</asp:DataList>
<asp:ObjectDataSource ID="odsRecommend" runat="server"
        SelectMethod="GetTop4ByRecommend"
        TypeName="Eshop.ProductService">
</asp:ObjectDataSource>
```

（4）由于购买按钮的 CommandName 为 select，单击该按钮会触发 SelectedIndexChanged 事件，在该事件添加代码实现添加到购物车功能，代码如下。

```
protected void dlNew_SelectedIndexChanged(object sender,EventArgs e)
{
    //获取选中项的主键
    string pid = this.dlNew.DataKeys[dlNew.SelectedIndex].ToString();
    Dictionary<string, int> dicCart = null;
    if (Session["cart"] == null)
        dicCart = new Dictionary<string, int>();
    else
        dicCart = Session["cart"] as Dictionary<string, int>;

    if (dicCart.ContainsKey(pid))
        dicCart[pid] = dicCart[pid] + 1;
    else
        dicCart[pid] = 1;

    Session["cart"] = dicCart;
}

protected void dlRecommend_SelectedIndexChanged(object sender,
            EventArgs e)
{
    //获取选中行的主键
    string pid = this.dlRecommend.DataKeys[dlRecommend.SelectedIndex].ToString();
    Dictionary<string, int> dicCart = null;
    if (Session["cart"] == null)
        dicCart = new Dictionary<string, int>();
    else
        dicCart = Session["cart"] as Dictionary<string, int>;

    if (dicCart.ContainsKey(pid))
```

```
            dicCart[pid] = dicCart[pid] + 1;
        else
            dicCart[pid] = 1;

        Session["cart"] = dicCart;
    }
```

(5) 保存代码，调试运行。

◆ **第二阶段** ◆

练习：为 eshop 实现 Store.aspx 页面

请结合上一单元第二阶段练习题，为 eshop 实现 Store.aspx 页面，该页面显示某商城所有商品的真分页显示(只实现 DataList 显示部分)，效果如图 10-4 所示。

图 10-4

【问题描述】

需要展示的信息包括图片、商品名称、市场价和销售价，并且需要提供购买功能，展示的商品可以方便地添加到购物车中。该页面具体显示哪个商城的信息取决于从 Default.aspx 传递过来的查询字符串。该页面需要实现真分页。

【问题分析】

模板和上一题一样，难点在于真分页。由于 DataList 不支持分页，需要编码来实现，可以使用一个 HiddenField 存储记录总数，再用另一个 HiddenField 存储当前页的索引，这样就可以计算出总页数(每页 10 条记录)，也便于控制换页按钮的跳转。

【拓展作业】

1. 为 eshop 实现商城和商品类别管理 TypeManager.aspx，效果如图 10-5 所示。

图 10-5

要求：给商城添加子类时要进行非空验证。

 提示

商城和商品类别的删除功能涉及的数据非常多，如果某商城或某类别下存在数据则给出错误提示即可，如果不存在数据则直接删除该商城或该类别。

2. 为 eshop 在 Typies.aspx 页面实现列出某类别下的所有商品的功能，该页面具体显示哪个类别的信息取决于从 Default.aspx 传递过来的查询字符串。该页面需要实现真分页。外观参考 Store.aspx 页面。

单元十一

GridView 的高级用法

课程目标

- ▶ 了解如何合并单元格
- ▶ 掌握将数据导出至 Excel 的方法
- ▶ 掌握复杂的数据绑定技术
- ▶ 掌握 GridView 的几种特效的使用

到目前为止,我们已经学习了 GridView、DataList、Repeater、FormView 和 DetailsView 5 种数据绑定控件,在实际的 ASP.NET 开发中一般用 Repeater 和 DataList 做数据展示,用 FormView 和 DetailsView 做数据的编辑和添加,用 GridView 做数据展示和删除,在这些控件中 GridView 是使用频率最高的控件。

本单元将继续学习 GridView 的高级用法,包括合并单元格、复杂的绑定和常用特效。

11.1 GridView 的事件方法介绍

GridView 的高级用法一般都需要借助事件才能完成,表 11-1 列出了 GridView 的主要事件及方法。

表 11-1 GridView 的事件与方法

事件	说明
DataBound	整个 GridView 绑定完毕后触发
PageIndexChanging	GridView 换页时触发,也就是 PageIndex 属性改变时触发
RowCommand	单击了 GridView 内的按钮时触发,如果按钮的 CommandName 为 delete,则单击该按钮时会先触发 RowCommand,后触发 RowDeleting 事件
RowCreated	每创建一行则触发一次该事件
RowDataBound	行数据绑定完毕后触发,每绑定一行触发一次该事件
RowDeleting	删除行之前触发
RowUpdating	更新行之前触发
SelectedIndexChanging	选择不同行之前触发
方法	说明
DataBound()	将 GridView 绑定到数据源
DeleteRow()	从 GridView 删除一行,该方法会触发 RowDeleting 事件
RenderControl()	将 GridView 的内容输出到 HtmlTextWriter 对象
UpdateRow()	更新一行数据

11.2 合并单元格

合并单元格一般有合并表头和合并内容。通过绑定产生的表头只有一行,可以额外再添加一行,然后再和现有表头进行合并。合并内容单元格一般是对相邻并具有相同内容的单元格进行合并。假设数据库 STUDB 中有表 stuinfo,该表的数据见表 11-2。

表 11-2 stuinfo 的数据

班级	学生姓名	语文	数学	外语
一班	张三	90	85	99
一班	李四	80	65	88
一班	王五	70	75	77
二班	赵六	60	95	66
二班	李明	50	55	55

下面的示例演示了如何合并单元格。

(1) 新建网站 Example11_1。

(2) 删除 Default.aspx 页面，添加一个 MergeGridView.aspx，并在其中拖放一个 GirdView 和一个 SqlDataSource。

(3) 配置数据源并设置 GridView 的数据源控件。运行显示结果和上面的数据相同，下面开始合并单元格。

(4) 使用 RowCreated 事件合并表头，代码如下。

```
protected void gvStu_RowCreated(object sender,
            GridViewRowEventArgs e)
{
    //表头行创建完毕就开始合并表头
    if (e.Row.RowType == DataControlRowType.Header)
    {
        //首先需要添加一个表头行
        GridViewRow rowHeader = new GridViewRow(0, 0,
            DataControlRowType.Header, DataControlRowState.Normal);
        rowHeader.Font.Bold = true;

        TableCellCollection cells = e.Row.Cells;
        TableCell headerCell = new TableCell();
        headerCell.HorizontalAlign = HorizontalAlign.Center;
        headerCell.Text = "班级";
        headerCell.RowSpan = 2;
        rowHeader.Cells.Add(headerCell);

        TableCell headerCell2 = new TableCell();
        headerCell2.HorizontalAlign = HorizontalAlign.Center;
        headerCell2.Text = "学生";
        headerCell2.RowSpan = 2;
        rowHeader.Cells.Add(headerCell2);

        TableCell headerCell3 = new TableCell();
        headerCell3.Text = "学生成绩";
```

```
            headerCell3.ColumnSpan = cells.Count - 2;
            headerCell3.HorizontalAlign = HorizontalAlign.Center;

            rowHeader.Cells.Add(headerCell3);
            rowHeader.Visible = true;
            gvStu.Controls[0].Controls.AddAt(0, rowHeader);
            //设置合并后,被合并的单元格一定要隐藏
            e.Row.Cells[0].Visible = false;
            e.Row.Cells[1].Visible = false;
        }
    }
```

(5) 运行结果如图 11-1 所示。

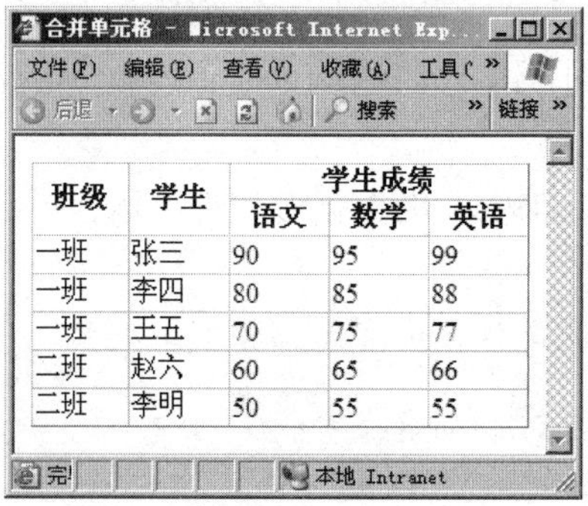

图 11-1

(6) 在整个 GridView 全部绑定完毕后的 DataBound 事件中合并相同内容的单元格,事件代码如下。

```
protected void gvStu_DataBound(object sender, EventArgs e)
{
    TableCell tc = gvStu.Rows[0].Cells[0];
    for (int i = 1; i < gvStu.Rows.Count; i++)
    {
        TableCell tcmegered = gvStu.Rows[i].Cells[0];
        if (tc.Text == tcmegered.Text)
        {
            //由于单元格的 RowSpan 默认值为 0,为了计算方便这里改为 1
            if (tc.RowSpan == 0)
                tc.RowSpan = 1;
            tc.RowSpan = tc.RowSpan + 1;
            gvStu.Rows[i].Cells[0].Visible = false;
        }
        else
        {
            tc = gvStu.Rows[i].Cells[0];
        }
    }
}
```

(7) 再次运行网站，结果如图 11-2 所示。

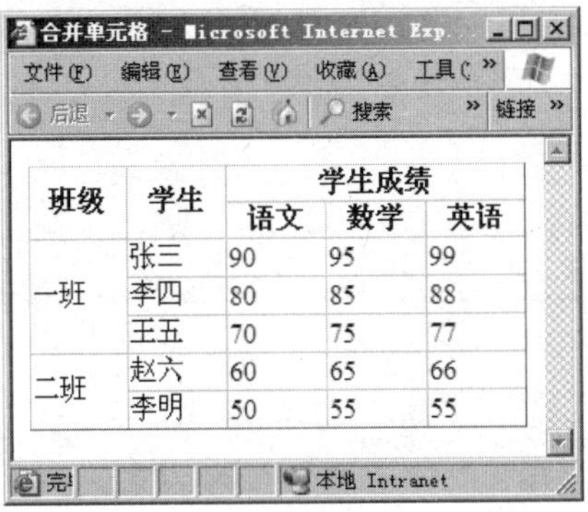

图 11-2

11.3 导出至 Excel

很多时候需要将 GridView 的数据导出至 Excel 文档，这在 ASP.NET 中可以很容易地实现，但需要注意的是，如果 GridView 中包含控件则不能正确地导出。在 ASP.NET 中，所有的控件都必须放在<form runat="server">的标记内，否则会出错，但导出功能就是要将 GridView 控件的内容呈现在一个 Excel 文件中，而不是 form 标记中，这时必须重写 Page 对象的 VerifyRenderingInServerForm 方法才能确保导出成功。下面的代码演示了导出至 Excel 的功能。

(1) 修改 Example11_1，在页面中添加一个导出按钮。
(2) 为该按钮编写如下代码。

```
protected void btnExport_Click(object sender, EventArgs e)
{
    Response.Clear();
    Response.Charset = "gb2312";
    Response.Buffer = true;
    Response.AppendHeader("Content-Disposition", "attachment;filename=stuinfo.xls");
    Response.ContentEncoding = System.Text.Encoding.UTF8;
    Response.ContentType = "application/ms-excel";
    System.IO.StringWriter sw = new System.IO.StringWriter();
    System.Web.UI.HtmlTextWriter htw = new HtmlTextWriter(sw);
    this.gvStu.RenderControl(htw);
    Response.Output.Write(sw.ToString());
    Response.Flush();
    Response.End();
}
```

(3) 测试运行，出现如图 11-3 所示的错误提示。

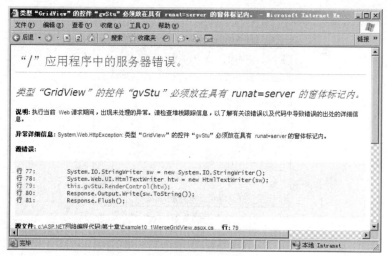

图 11-3

(4) 错误原因就是没有重写 Page 对象的 VerifyRenderingInServerForm()方法。下面重写该方法，注意不能为该方法提供任何代码。

```
protected void btnExport_Click(object sender, EventArgs e)
{
    Response.Clear();
    Response.Charset = "gb2312";
    Response.Buffer = true;
Response.AppendHeader("Content-Disposition", "attachment;filename=stuinfo.xls");
    Response.ContentEncoding = System.Text.Encoding.UTF8;
    Response.ContentType = "application/ms-excel";
    System.IO.StringWriter sw = new System.IO.StringWriter();
    System.Web.UI.HtmlTextWriter htw = new HtmlTextWriter(sw);
    this.gvStu.RenderControl(htw);
    Response.Output.Write(sw.ToString());
    Response.Flush();
    Response.End();
}

//必须重写 VerifyRenderingInServerForm()方法
public override void VerifyRenderingInServerForm(Control control)
{
    //这里不需要编写任何代码
}
```

(5) 再次运行，结果如图 11-4 所示。

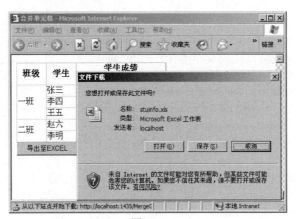

图 11-4

11.4 GridView 事件编程

在前面章节的示例中，使用 GridView 的地方一般都是在界面上拖放数据源控件来完成的，这样 GridView 的显示、修改和删除功能可以自动调用数据源控件来完成，但某些情况下是不能使用数据源控件的，比如在前面章节中的购物车，多个商品编号存储在 Session 中，这样只能在后台构造 SQL 语句来为 GridView 提供数据，此时如果要编辑和删除购物车数据只能使用 GirdView 的事件来实现。

11.4.1 编辑购物车

之前实现的购物车不能修改购物车中商品的数量，现在修改 GridView，实现更新商品数量的功能。

(1) 打开 eshop 电子商务网站。

(2) 修改 AddToCart.aspx 页面中的代表购物车的控件 gvCart，将购买数量用文本框显示，以便于修改，同时提供全选、更新和删除功能，修改后的代码如下。

```
<asp:GridView ID="gvCart" runat="server"
    AutoGenerateColumns="False"
    DataKeyNames="productid"  Width="600px">
    <Columns>
        <asp:TemplateField>
            <HeaderTemplate>
                <asp:CheckBox ID="chkSelAll" runat="server"
                    Text="全选" />
            </HeaderTemplate>
            <ItemTemplate>
                <asp:CheckBox ID="chkRow" runat="server" />
            </ItemTemplate>
```

```
            </asp:TemplateField>
            <asp:BoundField DataField="productid" HeaderText="商品编号"
                ReadOnly="True" SortExpression="productid" />
            <asp:BoundField DataField="productname" HeaderText="商品名称"
                SortExpression="productname" />
            <asp:BoundField DataField="author" HeaderText="生产厂家/作者"
                SortExpression="author" />
            <asp:BoundField DataField="saleprice" HeaderText="购买价格"
                DataFormatString="{0:C}" />
            <asp:TemplateField HeaderText="购买数量">
                <ItemTemplate>
                    <asp:TextBox ID="txtAmount" Width="80px"
                        runat="server"
                        Text='<%# Eval("amount") %>'></asp:TextBox>
                </ItemTemplate>
            </asp:TemplateField>
            <asp:TemplateField>
                <ItemTemplate>
                    <asp:Button ID="btnUpdate" runat="server"
                        CommandName="update" Text="更新" /> 
                    <asp:Button ID="btnDel" runat="server"
                        CommandName="delete" Text="删除" />
                </ItemTemplate>
            </asp:TemplateField>
        </Columns>
        <EmptyDataTemplate>
            <asp:Label ID="Label1" runat="server"
                Text="你好像还没购买商品吧！"></asp:Label>
            <asp:HyperLink ID="HyperLink1" runat="server"
                NavigateUrl="~/ProductList.aspx" ForeColor="Red">
                去看看有什么要购买的</asp:HyperLink>
        </EmptyDataTemplate>
</asp:GridView>
<asp:Label ID="lblTotal" runat="server" Text=""
    ForeColor="Red"></asp:Label>
 
<asp:Button ID="btnUpdateAll" runat="server" Text="全部更新" />
 
<asp:Button ID="btnDelAll" runat="server" Text="全部删除" />
```

重新设计后的界面如图 11-5 所示。

图 11-5

在这个界面中,单击某一行的"更新"按钮,则更新该行商品在购物车中的数量,单击某一行的"删除"按钮则将该商品从购物车中删除,选中标题中的"全选"复选框时,则在客户端用 JavaScript 实现选中购物车中所有行的 CheckBox 控件,单击最下面的"更新选中"则更新选中的商品在购物车中的数量,单击最下面的"删除选中"则将选中的商品从购物车中移出。

(3) 实现更新单行商品数量的功能,由于更新按钮的 CommandName 为 update,单击该按钮会触发 GridView 的 RowUpdating 事件,为该事件编写代码如下。

```
protected void gvCart_RowUpdating(object sender, GridViewUpdateEventArgs e)
{
    //注意,由于不是通过数据源控件来提供数据,下列代码都会报错
    //DataRowView drv = (gvCart.DataSource as DataView)[e.RowIndex];
    //string s = e.OldValues["productid"].ToString();
    //string pid = e.Keys[0].ToString();

    //首先得到该行的商品编号
    string pid = gvCart.Rows[e.RowIndex].Cells[1].Text;
    //然后得到该行的商品数量
    TextBox tb =
        gvCart.Rows[e.RowIndex].Cells[5].Controls[1] as TextBox;
    int amount = int.Parse(tb.Text);
    //更新购物车
    Dictionary<string, int> dicCart =
        Session["cart"] as Dictionary<string, int>;
    dicCart[pid] = amount;
    Session["cart"] = dicCart;
}
```

(4) 实现删除单行商品的功能,由于删除按钮的 CommandName 为 delete,单击该按钮会触发 GridView 的 RowDeletting 事件,为该事件编写代码如下。

```
protected void gvCart_RowDeleting(object sender, GridViewDeleteEventArgs e)
{
    //首先得到该行的商品编号
    string pid = gvCart.Rows[e.RowIndex].Cells[1].Text;
```

```
//从购物车删除
Dictionary<string, int> dicCart = Session["cart"] as Dictionary<string, int>;
dicCart.Remove(pid);
Session["cart"] = dicCart;
//更新界面
//为什么不能使用该行代码来更新界面：gvCart.DeleteRow(e.RowIndex);
btnShowCart_Click(null, null);
}
```

11.4.2 客户端全选

实现客户端全选功能。要使用 JavaScript 操作服务器端的控件，必须知道服务器端控件转换为 HTML 以后的 ID，可以使用<% =服务器端控件.ClientID %>来实现，该<% = %>表达式的作用相当于<script runat="server">Response.Write();</script>。给全选 CheckBox 添加客户端事件可以实现全选功能。

(1) 首先修改全选 CheckBox，添加客户端事件，代码如下。

```
<asp:TemplateField>
    <HeaderTemplate>
        <asp:CheckBox ID="chkSelAll" runat="server" Text="全选"
            onclick="changeChk(this);" />
    </HeaderTemplate>
    ...
</asp:TemplateField>
```

(2) 然后在 AddToCart.aspx 页面中添加 JavaScript 函数 changeChk，代码如下。

```
<script language="javascript">
function changeChk(obj) {
    var gv = document.getElementById('<%= gvCart.ClientID %>');
    for (var i = 1; i <= <% = gvCart.Rows.Count %>; i++) {
        gv.rows[i].cells[0].getElementsByTagName("input")[0].checked
            = obj.checked;
    }
}
</script>
```

11.4.3 遍历 GridView

很多需求需要遍历 GridView 才能实现，在遍历的过程中可以通过查找控件或获取单元格的内容来做出某种判断或计算。

(1) 实现更新选中功能。实现该功能需要遍历整个 gvCart，代码如下。

```csharp
protected void btnUpdateAll_Click(object sender, EventArgs e)
{
    Dictionary<string, int> dicCart = Session["cart"] as Dictionary<string, int>;
    foreach (GridViewRow row in gvCart.Rows)
    {
        CheckBox chk = row.Cells[0].FindControl("chkRow") as CheckBox;
        if (chk.Checked)
        {
            string pid = row.Cells[1].Text;
            //然后得到该行的商品数量
            TextBox tb = row.Cells[5].Controls[1] as TextBox;
            int amount = int.Parse(tb.Text);
            //更新购物车
            dicCart[pid] = amount;
        }
    }
    Session["cart"] = dicCart;
    btnShowCart_Click(null, null);
}
```

(2) 实现删除选中功能。实现该功能也需要遍历整个 gvCart，代码如下。

```csharp
protected void btnDelAll_Click(object sender, EventArgs e)
{
    Dictionary<string, int> dicCart = Session["cart"] as Dictionary<string, int>;
    foreach (GridViewRow row in gvCart.Rows)
    {
        CheckBox chk = row.Cells[0].FindControl("chkRow") as CheckBox;
        if (chk.Checked)
        {
            string pid = row.Cells[1].Text;
            dicCart.Remove(pid);
        }
    }
    Session["cart"] = dicCart;
    btnShowCart_Click(null, null);
}
```

11.4.4 光棒效果

所谓光棒效果，就是光标所在行的背景色与其他行的背景色不同，光标移除后该行的背景色又还原。这个效果可通过 JavaScript 或 CSS 来实现。GridView 实现光棒效果需要 RowDataBound 事件，在该事件中通过 e.Row.Attributes.Add() 方法来为行添加 onmouseover 和 onmouseout 事件。在 onmouseover 事件中设置背景色，在 onmouseout 事件中还原背景色。

为购物车实现光棒效果，代码如下。

```csharp
protected void gvCart_RowDataBound(object sender, GridViewRowEventArgs e)
{
    if (e.Row.RowType == DataControlRowType.DataRow)
    {
        e.Row.Attributes.Add("onmouseover",
            "currentcolor=this.style.backgroundColor;
             this.style.backgroundColor='#C0C0FF';
             this.style.cursor='hand';");
        //当光标移走时还原该行的背景色
        e.Row.Attributes.Add("onmouseout",
            "this.style.backgroundColor=currentcolor;");
    }
}
```

11.4.5 复杂的绑定表达式

之前只学习过 Eval 的两种用法 Eval("属性")或 Eval("属性","格式化字符串")，除此之外，Eval 还可以进行强制类型转换，进行比较判断等操作，这些复杂的 Eval 表达式往往可以大大减少代码量。

为了提醒顾客，特意将单价超过 60 元的商品的价格使用红色显示，这可以使用数据绑定来实现，但默认的 BoundField 不支持 Eval 绑定，需要将该列转换为模板才行，转换后的代码如下。

```
<asp:TemplateField HeaderText="购买价格">
    <ItemTemplate>
        <asp:Label ID="lblSalePrice" runat="server"
            ForeColor=<%# (decimal)Eval("saleprice")>=60?
                System.Drawing.Color.Red:
                System.Drawing.Color.Black %>
            Text='<%# Eval("saleprice", "{0:C}") %>'>
        </asp:Label>
    </ItemTemplate>
</asp:TemplateField>
```

11.4.6 删除前的提示

就是在删除数据时先用 JavaScript 给出提示，以防误删操作。该功能只需要使用删除按钮的 OnClientClick 属性给删除按钮添加一句客户端确认代码即可。

购物车删除前的提示代码如下。

```
<asp:Button ID="btnDel" runat="server"
    CommandName="delete" Text="删除"
    OnClientClick="return confirm('你确实要删除该商品吗？');" />
```

单元十一 GridView的高级用法

【单元小结】

- 了解如何合并单元格。
- 掌握如何导出数据至 Excel。
- 掌握复杂的数据绑定技术。
- 掌握 GridView 的几种特效的使用。

【单元自测】

1. 下面关于 GridView 的 RowDataBound 事件和 DataBound 事件的比较，正确的是（　　）。

   A. 两者都可能触发多次
   B. 两者都只能触发一次
   C. 前者可能触发多次，后者只能触发一次
   D. 前者只能触发一次，后者可能触发多次

2. 光棒效果需要用到的两个 JavaScript 事件是(　　)。

   A. onmouseout　　　　　　　　B. onmousemove
   C. onmouseover　　　　　　　 D. onmouseup

3. 导出至 Excel 时需要重写的方法是(　　)。

   A. VerifyRenderingInServerForm()　　B. RowDataBound()
   C. DataBound()　　　　　　　　　　 D. GridView_Render()

4. 某 GridView 的第一列是模板列，该模板列中只有一个 ID 为 "lblInfo" 的 Label 控件，假设变量 row 为该 GridView 的某一数据行，则下列获取该行 lblInfo 控件值的语句错误的是（　　）。

   A. (row.FindControl("lblInfo") as Label).Text
   B. (row.Cells[0].FindControl("lblInfo") as Label).Text
   C. row.Cells[0].Text
   D. row.Cells[0].Controls[1].Text

5. 关于 "<%= %>" 和 "<%# %>" 的区别，下列说法正确的是(　　)。

   A. 都可以进行 Eval 绑定
   B. 都可以进行 Bind 绑定
   C. 都可以出现在 Repeater 控件的头模板 HeaderTemplate 中
   D. 都可以为 HTML 标签和 Web 服务器控件的属性赋值

【上机实战】

上机目标

- 掌握 GridView 的常用功能

上机练习

◆ 第一阶段 ◆

练习 1：为 eshop 电子商务网站实现客户订单管理页面 MyOrders.aspx

本例效果如图 11-6 所示。

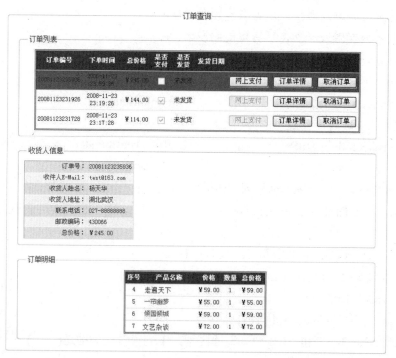

图 11-6

【问题描述】

订单列表排序规则如下。

- 未支付的订单排在最前面。
- 最新的订单显示在前面。

进行条件格式设置如下。

- 未支付的订单字体更改为红色。

- 已发货的订单行背景设置为淡灰色(Light Gray)。

完成按钮列"网上支付"和"取消订单"的功能如下。
- 已经支付的订单,网上支付按钮不可用。
- 已经发货的订单,取消订单按钮不可用。
- 取消订单时要弹出取消确认信息。
- 单击"订单详情"按钮,显示"收货人信息"以及"订单明细"信息。

【问题分析】

网上支付按钮可以将其 CommandName 设为 update,单击该按钮则更新数据库;订单详情按钮可以将其 CommandName 设为 select;取消订单按钮可以将其 CommandName 设为 cancel。是否发货列需要定义成模板列,按钮是否可用可以直接绑定到 Enabled 属性。

【参考步骤】

(1) 打开 eshop。

(2) 添加 MyOrders.aspx 页面。在该页面拖放两个 GridView 控件、一个 DetailsView 控件和一个 ObjectDataSource,代码如下。

```
<fieldset>
    <legend align="center">订单查询</legend>
    <fieldset>
        <legend>订单列表</legend>
        <asp:GridView ID="gvOrder" runat="server">
        </asp:GridView>
        <asp:ObjectDataSource ID="odsOrder" runat="server">
        </asp:ObjectDataSource>
    </fieldset>
    <br />
    <fieldset>
        <legend>收货人信息</legend>
        <asp:DetailsView ID="dvReceive" runat="server"
            Height="50px" Width="125px">
        </asp:DetailsView>
    </fieldset>
    <br />
    <fieldset>
        <legend>订单明细</legend>
        <asp:GridView ID="gvDetail" runat="server">
        </asp:GridView>
    </fieldset>
</fieldset>
```

(3) 修改 Page_Load 事件,防止未登录用户访问,代码如下。

```
protected void Page_Load(object sender, EventArgs e)
{
```

```csharp
if (Session["customer"] == null
    || Session["customer"].ToString() == "")
{
    Response.Redirect("~/CustomerLogin.aspx");
}
}
```

(4) 添加 OrderService.cs，在该类中提供处理订单需要的方法，代码如下。

```csharp
public class OrderService
{
    public static DataTable GetOrderByEmail(string email)
    {
        string sql = "select orderid,"
            orderdate,ispaid,isdeal,dealtime,
            (select sum(price*quantity) from orderdetails
            where orderdetails.orderid=orderid) as totalprice
            from orders where email = '" + email +
            "' order by ispaid asc ,orderid desc";
        SqlParameter[] sp = new SqlParameter[0];
        DataTable dt = DBHelper.GetTable(sql, sp);
        return dt;
    }
    public static void Paid(string orderid)
    {
        string sql = "update orders set ispaid=1   where orderid='" + orderid + "'";
        SqlParameter[] sp = new SqlParameter[0];
        DBHelper.ExecuteCommand(sql, sp);
    }

    public static void DeletelOrder(string orderid)
    {
        string sql = "delete from orderdetails where orderid='"
            + orderid + "';delete from orders where orderid='"
            + orderid + "'";
        SqlParameter[] sp = new SqlParameter[0];
        DBHelper.ExecuteCommand(sql, sp);
    }

    public static DataTable GetReceiveInfo(string orderid)
    {
        string sql = "select orderid ,email,receivename,
            address,phone,zip,
            (select sum(price*quantity) from orderdetails
            where orderdetails.orderid=orderid) as totalprice
            from orders where orderid='" + orderid + "'";
        SqlParameter[] sp = new SqlParameter[0];
        DataTable dt = DBHelper.GetTable(sql, sp);
```

```csharp
            return dt;
        }

        public static DataTable GetOrderDetailsInfo(string orderid)
        {
            string sql = "select detailid, productname,price,
                quantity,price*quantity as tprice from orderdetails
                where orderid='" + orderid + "'";
            SqlParameter[] sp = new SqlParameter[0];
            DataTable dt = DBHelper.GetTable(sql, sp);
            return dt;
        }
}
```

(5) 设计 gvOrder 界面，将"是否发货"列设为模板列，同时绑定"网上支付"和"取消订单"两个按钮的 Enabled 属性，设计后的代码如下。

```aspx
<asp:GridView ID="gvOrder" runat="server"
    AutoGenerateColumns="False"
    DataKeyNames="orderid" DataSourceID="odsOrder">
    <Columns>
        <asp:BoundField DataField="orderid" HeaderText="订单编号"
            ReadOnly="True" SortExpression="orderid" />
        <asp:BoundField DataField="orderdate" HeaderText="下单时间"
            SortExpression="orderdate" />
        <asp:BoundField DataField="totalprice" HeaderText="总价"
            DataFormatString="{0:C}" ReadOnly="True"
            SortExpression="totalprice" />
        <asp:CheckBoxField DataField="ispaid" HeaderText="是否支付"
            SortExpression="ispaid" />
        <asp:TemplateField HeaderText="是否发货"
            SortExpression="isdeal">
            <ItemTemplate>
                <asp:Literal ID="ltrDeal" runat="server"
                    Text='<%# (bool)Eval("isdeal")?"已发货":"未发货" %>'>
                </asp:Literal>
            </ItemTemplate>
        </asp:TemplateField>
        <asp:BoundField DataField="dealtime" HeaderText="发货时间"
            SortExpression="dealtime" />
        <asp:TemplateField>
            <ItemTemplate>
                <asp:Button ID="Button1" runat="server"
                    CommandName="update"
                    Enabled=<%# (bool)Eval("ispaid")?false:true %>
```

```
                    Text="网上支付" />
                 
                <asp:Button ID="Button2" runat="server"
                    CommandName="select" Text="订单详情" />
                 
                <asp:Button ID="Button3" runat="server"
                    CommandName="cancel"
                    Enabled=<%# (bool)Eval("isdeal")?false:true %>
                    Text="取消订单" OnClientClick=
                    "return confirm('你确实要取消该订单吗？');" />
            </ItemTemplate>
        </asp:TemplateField>
    </Columns>
</asp:GridView>
<asp:ObjectDataSource ID="odsOrder" runat="server"
    SelectMethod="GetOrderByEmail"
    TypeName="Eshop.OrderService">
    <SelectParameters>
        <asp:SessionParameter Name="email"
            SessionField="customer" Type="String" />
    </SelectParameters>
</asp:ObjectDataSource>
```

(6) 下面在 RowDataBound 事件中设置条件格式，将未支付的订单字体更改为红色，已发货的订单行背景设置为淡灰色(LightGray)，代码如下。

```
protected void gvOrder_RowDataBound(object sender,
            GridViewRowEventArgs e)
{
    if (e.Row.RowType == DataControlRowType.DataRow)
    {
        DataRowView drv = e.Row.DataItem as DataRowView;
        if ((bool)drv["ispaid"] == false)
        {
            e.Row.ForeColor = System.Drawing.Color.Red;
        }
        if ((bool)drv["isdeal"])
        {
            e.Row.BackColor = System.Drawing.Color.LightGray;
        }
    }
}
```

(7) 下面实现网上支付功能，由于网上支付按钮的 CommandName 属性为 update，单击该按钮会触发 GridView 的 RowUpdating 事件，在该事件中更新数据库即可，代码如下。

```
protected void gvOrder_RowUpdating(object sender,
                GridViewUpdateEventArgs e)
{
    string orderid = e.Keys[0].ToString();
    OrderService.Paid(orderid);
    //由于 gvOrder 拥有对应的数据源控件,
    //该事件触发完毕仍然会自动调用数据源控件的更新功能,
    //而数据源控件没有更新功能,所以会出现错误,
    //只有取消对数据源控件更新功能的调用
    e.Cancel = true;
    //更新界面
    gvOrder.DataBind();
}
```

(8) 下面实现订单详情功能,由于订单详情按钮的 CommandName 属性为 select,单击该按钮会触发 GridView 的 SelectedIndexChanged 事件,在该事件中为剩下的几个 DetailsView 和一个 GridView 做数据绑定即可,代码如下。

```
protected void gvOrder_SelectedIndexChanged(object sender, EventArgs e)
{
    //获取选中行的主键
    string orderid = gvOrder.SelectedDataKey.Value.ToString();
    this.dvReceive.DataSource =OrderService.GetReceiveInfo(orderid);
    this.dvReceive.DataBind();
    this.gvDetail.DataSource =OrderService.GetOrderDetailsInfo(orderid);
    this.gvDetail.DataBind();
}
```

(9) 下面实现取消订单功能,由于取消订单按钮的 CommandName 属性为 delete,单击该按钮会触发 GridView 的 RowDeleting 事件,在该事件中删除订单详情和订单即可,代码如下。

```
protected void gvOrder_RowDeleting(object sender,
                GridViewDeleteEventArgs e)
{
    string orderid = e.Keys[0].ToString();
    OrderService.DeletelOrder(orderid);
    //取消对数据源控件删除功能的调用
    e.Cancel = true;
    gvOrder.DataBind();
}
```

练习2:为 MyOrders.aspx 页面实现导出订单内容为 Excel 表格

【问题描述】

只需要导出订单信息,不需要导出收货人信息和订单详情信息。

【问题分析】

用来显示订单信息的 GridView 控件 gvOrder 中包含需要的控件，直接导出会报错，可以在后台构造一个 GridView，让该 GridView 绑定到订单信息，然后直接导出该 GridView 的内容即可。

【参考步骤】

(1) 打开 eshop 的 MyOrders.aspx 页面，在 gvOrder 后添加一个按钮 btnExport。

(2) 为该按钮编写如下事件代码。

```csharp
protected void btnExport_Click(object sender, EventArgs e)
{
    GridView gv = new GridView();
    gv.AutoGenerateColumns = true;
    string user = Session["customer"].ToString();
    gv.DataSource = OrderService.GetOrderByEmail(user);
    gv.DataBind();
    //开始导出 gv 的数据
    Response.Clear();
    Response.Charset = "gb2312";
    Response.Buffer = true;
    Response.AppendHeader("Content-Disposition","attachment;filename=orderinfo.xls");
    Response.ContentEncoding = System.Text.Encoding.UTF8;
    Response.ContentType = "application/ms-excel";
    System.IO.StringWriter sw = new System.IO.StringWriter();
    System.Web.UI.HtmlTextWriter htw = new HtmlTextWriter(sw);
    gv.RenderControl(htw);
    Response.Output.Write(sw.ToString());
    Response.Flush();
    Response.End();
}
```

◆ 第二阶段 ◆

练习：为 eshop 实现管理员处理订单页面 DealOrder.aspx

效果如图 11-7 所示。

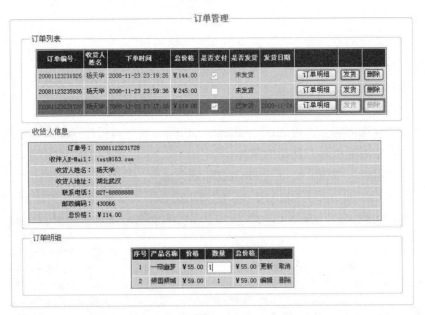

图 11-7

要求:

(1) 订单列表排序规则。
- 未发货的订单排在最前面。
- 先下的订单排在前面(遵循先来后到原则)。

(2) 请进行条件格式设置。
- 未支付的订单字体更改为红色,以引起重视,做发货处理。
- 已发货的订单不能再发货,也不能删除。

(3) 删除确认,如图 11-8 所示。

图 11-8

(4) 管理员可以查看订单明细,并做发货处理(只需要将 isdcal 字段修改为 1 即可)。允许管理员对订单明细进行修改(仅限于商品的购买数量),并可以删除明细。

【问题分析】

和第一阶段练习 1 一样,差别在于第一阶段练习 1 只显示当前登录客户的订单,而该页面需要显示所有的订单。

【拓展作业】

为 eshop 实现管理员管理商品页面 AdminProductList.aspx,效果如图 11-9 所示。

要求：
(1) 列出所有的商品，包含商品所属商城和所属类别。
(2) 设置每页显示 15 个产品，并制作分页导航条及分页状态栏。
(3) 实现全选功能，可以删除一个或多个商品。
(4) 每一页新闻显示其序号，如第一页 1~15；第二页 16~30；……
(5) 单击"详细内容"，可以在 ProductDetail.aspx 页面查看该商品的详细信息。
(6) 可以在空页面查看该商品的图片。
(7) 单击"编辑"按钮，链接到 ProductModify.aspx，进行商品内容的修改。

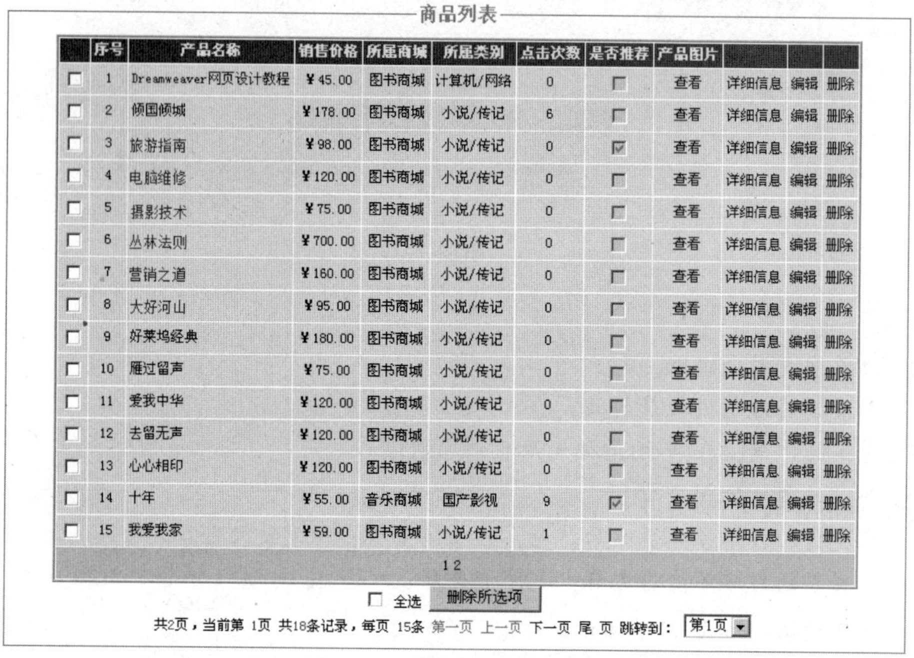

图 11-9